国家自然科学基金"基于多变量分析的中国东南部古城墙空间形态的数字化解析"项目（项目编号：51408118）

武夷风格

WUYI ARCHITECTURE STYLE

何柯 著

HE KE

东南大学出版社·南京

何柯，男，1979 年 5 月出生，博士、副教授、硕士生导师，现任 HHC 中日可持续城市建设联合研创中心主任。2002 年毕业于哈尔滨工业大学建筑学院并获建筑学学士学位，2006 年毕业于华侨大学建筑学院并获建筑学硕士学位，2007 年开始在东南大学师从中国科学院齐康院士攻读博士，2011 年获博士学位，读博期间到日本九州大学公派留学一年。

主要从事建筑设计及理论、城市设计、城市景观等方向研究。目前主持国家自然科学青年基金项目 1 项和外专千人计划项目 1 项；参与国家级科研项目 5 项。在 EI 检索、《建筑与文化》《现代城市研究》等期刊发表论文 20 余篇。近年主要工程设计项目有淮海战役陈官庄地区歼灭战纪念馆、平潭综合实验区中岚与岚城组团城市设计方案国际征集、深圳动漫南方基地总体城市设计、灵璧县城总体城市设计国际方案征集等项目，获得国家建设部三等奖、国际方案征集一等奖和二等奖等。

序

我在武夷山做过不少项目，对武夷风格的前因后果比较了解。当初我带着我的学生赖聚奎等为了武夷山庄、宋街的建设在工地上与工人们同吃同住，进行细节设计和现场实验的场景记忆犹新。所以我才说："不会下工地的建筑师不是好建筑师。"

一晃好几年过去了。学生何柯送来这本《武夷风格》的打印稿，找我探讨武夷风格的相关历史和建筑的一些问题。这期间他一直尽力添补、修改书中内容，免有美中不足之憾。这种认真、严谨的学术精神是值得提倡的。

如今《武夷风格》这本书终于截稿。我在细心翻阅时，最先显现在我眼前的是武夷山人民的力量与智慧，而我们则是通过建筑来传承这种武夷力量与智慧的。

这本书里面出现的许多案例，无不渗透出武夷山的地方建筑特色，具有一定的参考价值。书里有关武夷风格的讨论从社会到历史再到自然，可以说是武夷山文化的缩影。另外书中不仅附有线图、照片200多幅，还有作者结合他在武夷山的工作，将武夷风格应用到他的实践作品之中，使此书意义更上一层楼。

《武夷风格》是一本系统、详尽介绍武夷风格的建筑学专著。我认为此书具有较高的学术价值。希望此书的出版能够为世界传统山地建筑体系的传承、转化和更新再添一笔新的亮点。

齐康

2017.10.20

前　言

　　"武夷风格"是中国科学院院士齐康教授从改革开放之初，受杨廷宝先生嘱托带队吸取地方传统建筑风格，以现代设计手法结合本地自然人文资源和具体环境进行再创造的，具有武夷山地方特色的建筑。"武夷风格"作为一个被学术界和老百姓共同认知的历史现象，在我国地域建筑、新乡土建筑、风景园林建筑等领域都有一定影响，并被载入中国现代建筑史。对武夷风格的系统研究不仅有积极的学术意义，更有着广泛的社会意义。

　　武夷风格有泛指与特指、广义与狭义之分，本书仅对特指的狭义武夷风格进行研究：一方面，采用理论架构—实例剖析—系统分析—总结思考逐步深入的研究方法；另一方面，从武夷风格的成功实践中总结出理论，再将理论应用到实践当中。

　　因此，本书分为绪论、正文及附录三部分。第一章绪论是文章基础理论的架构，如对"风格"的探讨。

　　第二章至第五章为正文部分，首先从自然、历史、社会三方面分析武夷风格的成因；再展开介绍武夷风格探索、形成及发展各阶段的代表作品及其成长历程；而后从总体、单体、细部三方面分析武夷风格的特征；在介绍、分析的基础上，再对武夷风格进行总结，包括相关学科对武夷风格的影响及武夷风格的思想原则，进一步将武夷风格总结为"和""真""无"三个字及在此基础上的启发和展望。

　　第六章是笔者基于以上总结，近年来对武夷风格的实践摸索。其中有对武夷风格的形式化运用，也有抽象化运用。

目录

第一章

绪　论

1.1 研究对象

本书将武夷风格作为一个被学术界及人民大众共同认知的历史现象加以研究，围绕武夷风格展开为以下几部分：①武夷风格的概述；②武夷风格的成因；③武夷风格的实例；④武夷风格的特征；⑤武夷风格的总结；⑥武夷风格的实践。

1.1.1 风格概述

1. 风格及风格学

历史上有关"风格"的论述举不胜举，在我国最早出现在晋代，唐代所用渐多。与风貌、风范、风采、风度、格调、格局、性格、品格等词义有关。《辞海》中描述："某个时代、民族、流派或个人的文艺作品的特色。"《新华字典》则定义为"某一时期流行的一种艺术形式。"除了建筑风格，其他行业也对"风格"有各自的研究成果，如服装风格、绘画风格、书法风格、文学风格等。

"风格学"（stylistics）也称语言风格学，21世纪初由瑞士学者巴利（Charles Bally）将其作为语言学的一门独立学科提出并建立起来，狭义的风格学接近修辞学；广义的风格学指20世纪的文体学。可见风格学中的"风格"与本书论题中的风格没有直接联系。但是"他山之石，可以攻玉"，风格学对风格的研究自成体系，对于研究武夷风格有很多可以借鉴的地方。

（1）据德国威克纳格的考证，风格一词在西方源于希腊文。希腊文的本义表示一个长度大于厚度的不变的直线体，训为"木堆""石柱"，最后为一柄作为写和画用的金属雕刻刀。拉丁人援用此字主要是取其最后的意义"雕刻刀"，拉丁语缺少希腊字母的v音，因而把这个字拼为stilus。从他们那里而不是从希腊人那里，这个字才发展为比喻的意义，从而风格一词首先是表示我们用hand一字，或拉丁人有时用manus一字所隐喻地表示着的意义，这就是说，组成文字的一种特定方法；其次，这个字更比喻地表示着以文字装饰思想的一种特定方式。后来风格被定义成"为达到某一特定目的去形成、处理并记录思想的方法"[1]。

（2）风格有主观和客观两方面。即一方面由被表现者的心理特征所决定；另一方面由被表现的内容和意图所决定。法国博物学家、作家德·布封的名言"风格就是人"，就是指风格的主观方面。威克纳格认为风格主要是由客观方面决定的，但是人的主观能动性——"精神机能"会在内容的再创造中发挥作用。

（3）人的精神机能分为三类：智力、想象和感情。智力的经验和判断，或想象的意念，或感情的冲动构成了语言的表现内容[2]。

（4）三种机能产生了三种不同类别的风格：智力的风格、想象的风格和感情的风格。

（5）三种风格分别对应三种主要样式和三种重要特性：智力的风格，其特性为清晰性；想象的风格，其特性为生动性；感情的风格，其特性为激情。

1、2 ［德］威克纳格，王元化. 诗学·修辞学·风格论［J］. 文艺理论研究，1981（2）：133-141

3 ［德］歌德，威克纳格，柯勒律治，等．文学风格论［M］．王元化，译．上海：上海译文出版社，1982：83-84

（6）歌德对风格的论述："通过对自然的模仿，通过竭力赋予它以共同语言，通过对于对象的正确而深入的研究，艺术终于达到了一个目的地，在这里，它以一种与日俱增的精密性领会了事物的性质及其存在方式；最后，它以对于依次呈现的形象的一览无遗的观察，就能够把各种具有不同特点的形体结合起来加以融会贯通的模仿。于是，这样一来，就产生了风格，这是艺术所能企及的最高境界，是艺术可以向人类最崇高的努力相抗衡的境界。

"单纯的模仿以宁静的存在和物我交融作为基础，作风是用灵巧而精力充沛的气质去攫取现象，风格则奠基于最深刻的知识原则上面，奠基在事物的本性上面，而这种事物的本性应该是我们可以在看得见触得到的形体中认识到的。"[3]

译者王元化后来解释道：歌德的风格论，是把"自然的单纯模仿""作风""风格"作为不同等级的艺术品来看待的。事实上，这一问题直接涉及美学的根本问题，即审美的主客关系问题。"自然的单纯模仿"偏重于单纯的客观性，造就是在审美主客关系上以物为主，以心服从于物，亦即以作为客体的自然对象为主，以作为主体的作家思想感情服从于客体。"作风"则相反，而偏重于单纯的主观性，这在审美主客关系上是以心为主，用心去支配物，亦即以作为主体的作家思想感情去支配、驾驭、左右作为客体的自然对象。至于"风格"则是主客观的和谐一致从而达到情景交融、物我双会之境。因此，歌德认为它是艺术所能企及的最高境界。歌德在他的文章中申明，他是"在善意和尊重的意义上使用作风这个词的"。但是他委婉地指出如果作风不能作为中介把主观性和客观性统一起来，那么这种作风就将变得浅薄和空疏。

2. 对风格及建筑风格的思考

风格是古往今来全世界永恒争论的话题。现今更是众说纷纭，面对形形色色的各种说法，我们只提取其中有用的因子，分析关于"风格"的成因、特征、评价及其发展等等，并做出相应的思考。

（1）风格形成的条件和因素非常多，客观上，有时代、经济、气候、环境、地方历史文化、民俗、体制等等。主观上，有建筑师自身的素质、修养等等。它的出现是一个自然进化的"事件"，而非个人、非历史地独立创造。因此，本书仅对特定时代、特定地点的建筑风格进行系统调研。正如阿尔伯蒂所说："我更信任理性，远远胜过信任任何个人。"

（2）风格有历史性，也有模糊性、动态性和相对稳定性的特征。因其不明确的特质，本书并不回避有关争议性的话题，或许引起争议也是文章所附带追求的目的之一吧！

（3）对风格的评价应站在一定高度上观察，仅仅历史地评价一个艺术品或一个风格是不够的。尊重产生它的那个环境还不够，还要增加另一个客观评价的方法，即进化的方法，这个方法评价现象时要考虑到它跟一个风格的进一步成长的关系，考虑到一个总过程的演进。一个艺术风格，跟其他生命现象一样，不会立刻在一切方面新生，而是多多少少地联系着过去。所以，从进化的意义上判断风格的价值大小，根据就是他们所含的新生素质的多少，这是创造新事物的潜力。显然，这种评价跟一个艺术品形式因素的质量不一致。常常有这样的情况，形式上不完美的或者不完整的作品，由于它有创造新事物的潜力，可能有更大的有利于进化的价值，而一个完美无缺的重要作品却使用了从过去年代捡来的早已废退了的手法，因而不可能有进一步的创造性发展，从进化的观点来看，它的价值就很小[4]。因此，本书研究的主题线索分为横向和纵向两大块展开。

（4）风格的发展是一个永无止境的动态过程。不论艺术走上述哪一条路，新颖而尽善尽美的风格的出现只能是这两种原则——延续性和独立性的结果。建筑风格的复杂现象不能立即而全面地变化。延续性规律节约艺术家创造发明能力，巩固他的经验和技巧，而独立性规律构成一种动力，给创造性以健康的、青春的汁液，给它以强有力的现代性，没有这现代性，艺术就不成其为艺术。风格的成熟只有一个很短的时期，它通常反映创造性工作的新颖而独立的规律，而时代的陈旧和没落的方面，不论在个别孤立的形式因素里还是在构图方法里，都与以前的和以后的风格时期相联系。这就是这个显著的矛盾如何不仅在新风格的诞生中并且也在任何一个历史时期中被调和并得到解释的原因。

（5）风格之间的界限是非常模糊的。虽然我们确认任何一种风格的规律都是独一无二的，本书不打算放弃在各种风格的变化和发展中的相互依赖和影响的原理。相反，事实上风格之间精确的界线已经模糊掉了。不可能去确定一个时刻，此时一个风格结束了，另一个风格开始了；风格一经诞生，就要经历青年、成年和老年；但老年并不是完全没有了精力，当另一个新风格起来走同样的路程时，它衰退了，但还没有死亡。正如法国罗伯特·杜歇所言："变化有时呈现为旧风格的猝然中断，有时却呈现为两种风格之间的轻滑过渡，因为在许多情况下，风格的变革都是在无冲突的状态下进行，而新生的风格，在人们还未注意到时，已将种种细微的变化注入先前的形式中。正是这些变化决定了前者的完全改观。"[5]所以，不但前后相继的风格之间相联系，甚至很难在它们之间划一条明确的界线，这就像一切生命形式的演化一样。因此书中所下定义及个中描述并非是要将其独立开来，更不是与其他对象划清界限。往往历史上某个所谓"风格"明确进入世人的脑海的同时，也是其前进的脚步被思维的惰性和僵化所羁绊的开始。因此天才装饰家艾米勒·加莱才有了曾被认为是偏激的言论："当我们发现一种新的风格存在时，它已成为历史并以让位给替代它的风格了。"

（6）对于建筑观念的风格，苏联建筑师金兹堡是这样定义的："风格这个词的意思是指给予人类活动的一切表现以独有的特点的某些种类的自然现象，它们或大或小，不在乎当时的人们是否有意追求过它们或者意识到它们。然而，规律消除了人类创作产品中的一切偶然机遇，给创作活动的每个方向以它们自己的特定表情。"[6]关于建筑风格，格罗皮乌斯曾经说过："一种风格，是指某种在表现上的不断重复，它是整个时期所已经固定下来的'公分母'（即共同因素）。然而试想把正在成长阶段的活生生的艺术和建筑，分别类型凝固成为风格或'主义'，这就不是鼓励而是近乎僵化（建筑师的）创作活动了。"[7]

从1920年代开始，在中国这块土地上从事建筑设计的许多建筑师，都追求过某种建筑风格。

4 ［苏］金兹堡. 风格与时代 [M]. 陈志华，译. 北京：中国建筑工业出版社，1991：10

5 ［法］罗伯特·杜歇. 风格的特征 [M]. 司徒双，完永详，译. 北京：三联书店，2003：3

6 ［苏］金兹堡. 风格与时代 [M]. 陈志华，译. 北京：中国建筑工业出版社，1991：6

7 戴念慈. 论建筑的风格、形式、内容及其他——在繁荣建筑创作学术座谈会上的讲话 [J]. 建筑学报，1986（2）：4

但是，这一百年即将过去了，中国建筑究竟形成了什么样的风格，又形成了哪些建筑流派?至今还很难说。这又是为什么?

在各种艺术的风格中，建筑艺术是同人民生活息息相关，给人们影响最大、感染力最强的一种风格。风格问题，国内外都争论不休，众说纷纭。中国在20世纪这一百年中也相继有过四次关于建筑风格的大讨论（30年代一次，50年代前后两次，80年代初一次）。90年代以来，关于中国建筑艺术风格的问题一直在酝酿着第五次大讨论，但至今未形成"气候"，似乎建筑师们对此并不那么感兴趣；从近几十年的建筑实物看，某些曾引起争议甚至受到批判的作品，往往最终都经受住了"历史的考验"，被人们确认是佳作，这种历史教训提示我们，应当正确对待某时某地的个人风格、民族风格或者时代风格。恩格斯说过："片面性是历史发展的动力。"可否认为，所谓风格，从某种意义上讲，便是"深刻的片面性"呢?

3. 齐康教授论风格和武夷风格

齐康教授是武夷风格形成极重要的人物之一，大部分武夷风格代表建筑都出自他和他的创作团队。因此，齐先生的论点对研究武夷风格有着至关重要的作用。他在著作《意义·感觉·表现》中是这样论述风格的：

"建筑风格确是个古怪的东西，它给城市以面貌，给人们以记忆，以印象、爱好和习惯，它还给地区带来特征性的表现，甚至大体相同的地理环境气候条件、建筑材料，由于文化传统上的差异，情感的表现而产生差别。风格一旦形成，有时会引起人们对建筑艺术产生强烈的吸引力，甚至一个时期竟'顶礼膜拜'。建筑风格有时又会在人们观念上带来'惰性'，常常是新的使用功能、新的科技和材料的发展，直接或间接影响建筑风格的更替和更新，而原有风格观念又在人们脑海中长期地'残存'。所以随着时代的变化，风格永远只是一种'过程的风格'。一个时间，一个地点，一定的时空结构，风格总是维持人们的情感和心灵，从而使人们识别建筑发展时代的烙印。

"我们要认识到一些优秀风格在此时此地是合宜的，在彼时彼地又是不合适的，真正做到古为今用，洋为中用……" [8]

8 齐康. 意义·感觉·表现 [M]. 天津：天津科学技术出版社，1998：24

1.1.2 武夷风格的概念

关于武夷风格，齐康教授是这样描述的："福建地区的民居以其特有的风格而著称，缓缓平坦的屋顶，层次错落而交叉，屋脊自如穿插又是一番风貌。我们设计武夷山庄、幔亭山房、碧丹酒家就是探求那么一种'武夷风格'。"建筑和建筑群的建成被人们称为具有地方风格的新建筑。这种植根于民间的新建筑风格一经出现，就得到当地人民的喜爱，那种迷离奇幻的风貌就与山林很好地融合起来。本书为了研究方便，将武夷风格的概念分为泛指的和特指的武夷风格，以及广义的和狭义的武夷风格。

泛指的武夷风格可以是武夷山地区所有具有武夷山地方特色的事物。笔者在采访陈建霖先生（武夷山本地艺术家），临走时，老人拿出一份本地人用糯米、清明草等做的"清明果"请大家吃，并适时告诉我们说这也是"武夷风格"啊！大家哄堂大笑，然而他的话却是一针见血、无可厚非。

特指的武夷风格有广义和狭义之分。

广义是指阐发、扩展原来的意义，范围较宽的定义。广义的武夷风格是针对历史上武夷山地区所有具备武夷山地方特色的建筑及建筑群落。其实在规划、景观等方面武夷风格也有一定建树，只是尚未形成体系。

狭者，为窄、特定的含义。狭义的"武夷风格"特指在1979年以后至今，在武夷山地区，由建筑师吸取地方传统建筑风格，以现代设计手法结合本地自然人文资源和具体环境进行再创造的，具有武夷山地方特色的建筑。书中除特别提及，皆指狭义武夷风格。

1.1.3 武夷风格的来源

目前普遍被认同的概念特指狭义武夷风格。武夷风格的来源有多种说法，笔者偏向于后一种。

说法一是较普遍的说法：1980年代九曲码头、武夷山庄、幔亭山房等相继被建成以后，为老百姓所津津乐道，而后继续在武夷山地区发扬光大，继而传遍学术界。

说法二是在笔者走访数位武夷山本地建筑设计师之后所获悉的。其中陈建霖的说法最切实际。他说最初并没有武夷风格的提法，是1979年以后，借全国景区建设热的东风，在全国、福建省及武夷山地区的多次关于武夷山景区建设的会议上，领导和专家们反复强调"风景建筑设计要体现地方风格"[9]"风景名胜区的风景建筑、旅游服务建筑应有地方风格和时代气息"[10]等。同时随着杨廷宝教授为首的武夷山总体规划工作的展开，充实发展出"宜小不宜大，宜低不宜高，宜疏不宜密，宜藏不宜露，宜淡不宜浓"的"武夷建筑原则"。在这"五宜五不宜"的设计原则的指导下，武夷宫、天游峰等景区的经典建筑相继落成，在百姓中间盛传开来，即成为大众心目中的武夷风格建筑的原型。武夷山庄则是武夷风格的标志性建筑。（陈建霖是原武夷山市景区管委会的建设科科长，几乎所有经典武夷风格建筑的建设他都有参加，至今还在继续为武夷山的精华景区添砖加瓦。齐康教授在文章中也多次提及与陈老共同奋斗的难忘经历。）

1.1.4 武夷风格的分类

武夷风格的分类有多种。本书的分类是针对狭义武夷风格，各分类之间的界限并非绝对。如"仿宋古街"中各类型建筑在功能上相互交叉，而随时代发展原有建筑可能被赋予其他建筑性质，有很多旅馆建筑、纪念馆等现今已被用于美术展览馆。

1. 按发展阶段分类

"冰冻三尺，非一日之寒。"武夷风格的形成是历史的积淀，虽然前文中已说明"武夷风格"一说主要源自1979年以后的几次学术会议。但是千百年来武夷山深厚的历史文化积淀，如朱

9 武夷山风景区总体规划大纲[J]. 建筑学报，1983（9）：11-13

10 武夷山风景名胜区总体规划技术鉴定意见[J]. 建筑学报，1983（9）：15

子理学、神话传说、武夷古民居等也是武夷风格的创作源泉之一。1980年代初期是武夷风格的探索阶段；1980年代中后期以武夷山庄落成为标志，是武夷风格的形成阶段；1990年代至今是武夷风格发展阶段（表1.1）。

表 1.1 按发展阶段分类的武夷风格

发展阶段	大致时间	代表建筑
探索阶段	1980 年代初期	九曲码头、幔亭山房、碧丹酒家、彭祖山房、大王亭、天游观、隐屏茶室、天心亭、武夷茶观、武夷机场、宋街、云窝茶室、妙高山庄、三清殿、御茶园
形成阶段	1980 年代中后期	武夷山庄、宋街
发展阶段	1990 年代至今	玉女山庄、九曲宾馆、宋街、止止庵、天心永乐禅寺、武夷风情商苑、武夷景区大门、闽越王城、华彩山庄、桃源洞茶室、集云茶屋、武夷宫、武夷碑林

2. 按使用性质分类

一般看来，武夷风格似乎是以武夷山庄为代表的一批旅馆建筑，其实远不止于此。武夷风格现今已在武夷山遍地开花结果，其精神内涵更是渗透到社会的各个角落。各种类型的建筑几乎都有涉及，按使用性质可以分为旅馆建筑、餐饮建筑、小品建筑、宗教建筑、交通建筑、博览建筑以及其他建筑（表1.2）。

表 1.2 按使用性质分类的原始武夷风格建筑

类别	名　称	方　位	年　代
旅馆建筑	武夷山庄	幔亭峰下，武夷宫右侧山坡上	1982 — 1992
	幔亭山房	幔亭峰下，武夷宫左侧	1981 — 1983
	武夷宾馆	市区政府办公大楼旁（现已毁）	不详
	玉女山庄	度假区一小丘正对山菇石	1988 — 2000
	九曲宾馆	九曲溪中心地段	1991 — 1993
	碧丹酒家	宋街	1982 — 1986
	澎祖山房	宋街	1988 — 1990
	青竹山庄	度假区一小丘正对山菇石	不详
	华彩山庄	度假区一号路	1980
餐饮建筑	御茶园	天游景点入口处	不详
	云窝茶室	云窝景点	1985
	武夷茶观	宋街	1982 — 1986
	玉女峰小茶室	玉女峰景点	1988
	桃源洞茶室	桃源洞景点	1993
	集云茶屋	虎啸岩顶	1993
小品建筑	大王亭	大王峰景点	不详
	玉华峰亭	玉女峰景点	不详
	天心亭	天心景点	不详
宗教建筑	三清殿	宋街	1982 — 1986
	武夷宫（朱熹纪念馆）	宋街终端	1993 — 1995
	天心永乐禅寺	天心景点	清代、2005
	天游观	天游峰顶	1980
交通建筑	星村码头（一、二、三号）	星村大桥附近	1980、1986、1991
	武夷宫码头	九曲溪与崇阳溪交汇处	1994 — 1995
	武夷机场	武夷大道中段	1993
博览建筑	闽北革命烈士纪念馆	武夷山市中心公园	1985
	武夷山自然博物馆	桐木景点	1990
	武夷碑林	九曲码头入口处	不详
其他	宋街	九曲溪与崇阳溪交汇处的大王峰下	1985 — 1989
	武夷风情商苑	度假区玉女山庄旁	2005

3. 按区域分类

按区域可以分为武夷山风景区、度假区和市区。随着时代的发展，特别是进入1990年代以后，虽然大部分武夷风格的精华建筑还在景区内，但是景区的环境容量和建设量有限。随着建设重点的转移，武夷山度假区及市区也相应涌现出一些优秀建筑，其中有些作品仍然是出自齐康、彭一刚、赖聚奎等大师之手，如玉女山庄、景区大门、武夷风情商苑等。如图1.1所示，武夷山风景区和度假区之间以南北走向的崇阳溪为界，图中紫色方圈是度假区的武夷风格代表建筑，绿色圆圈是风景区内的武夷风格代表建筑。

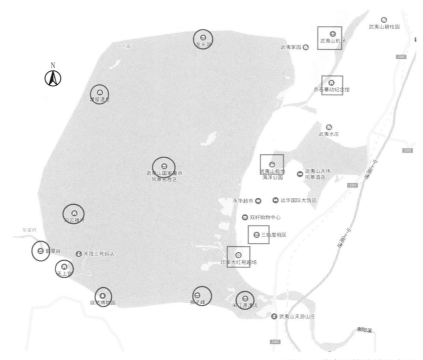

图 1.1 武夷风格建筑分布图

4. 按设计手法分类

按手法可以分为复古建筑、新乡土建筑以及现代建筑（表1.3）。

中华人民共和国成立后开始的景区建设项目当中，天游观、永乐禅寺等复古建筑多建于景区山顶；以武夷山庄、宋街建筑群为代表的新乡土建筑则多建于景区山下作为配套服务之用。齐康在他的著作中曾说道："在山顶的建筑群如天游观，宜强调传统的地方建筑文化，而山下景点的建筑宜运用秀丽的新乡土建筑风采。"现代建筑如武夷山机场、华彩山庄、景区大门等则反映了建筑师在延续武夷风格精髓的同时，对更丰富多彩的表达手法的执着追求和勇敢尝试。

表 1.3 按设计手法分类的武夷风格

复古建筑	天游观、永乐禅寺、止止庵、武夷宫、武夷精舍、三清殿、半山亭等
新乡土建筑	武夷山庄、宋街建筑群、九曲宾馆、大王亭、九曲码头、玉女山庄、武夷风情商苑、幔亭山房、碧丹酒家等
现代建筑	景区大门、武夷山机场、华彩山庄等

5. 按建筑规模分类

按规模可分为综合建筑、单体建筑及小品建筑三类（表1.4）。

表 1.4 按规模分类的武夷风格

综合建筑	宋街建筑群、武夷风情商苑
单体建筑	旅馆建筑、宫观寺庙等
小品建筑	风景区的亭台、码头、茶室、售票处、山门等

1.2 研究意义

1.2.1 社会意义

通过对武夷风格的研究，可以对武夷山地区乃至整个闽北地区的景点建设、度假区以及市区的城市建设提出相关建议；并且对武夷风格形成后，百姓自发建设"一边倒"现象以及对待综合项目的定位问题提出看法。从而推动武夷风格体系良性、可持续健康发展，让武夷风格在世界山地建筑体系中独树一帜，成为亮点之一。

1.2.2 学术意义

通过对武夷风格的系统研究，以冷静、理智的态度重新关注建筑与所在地区的地域性关联，提倡建筑在与全球文明最新成果相结合的同时，自觉寻求与地区的自然环境、文化传统的特殊性及技术和艺术上的地方智慧的内在结合，不仅具有深刻的理论意义，而且具有紧迫的现实意义。

1.3 研究动态

1.3.1 关于武夷山

以"丹霞地貌"著称的武夷山是国家一级风景名胜、世界自然与文化遗产保护区，历史悠久。武夷山有狭义和广义之分，狭义的武夷山仅指武夷山市西南群山，平均海拔600米。广义的武夷山，是构成福建大地构造骨架的两大山脉之一。它绵亘蜿蜒于闽赣两省边境，北接浙江仙霞岭，南临广东九连山，长达530余千米。山势西北高、东南低向南端倾斜，走向呈东北—西南方向展布，大致与海岸线相平行。山脉相对高度海拔1000～1500米，平均1200米，是福建省最高山脉，成为闽赣两省的分水岭。主峰黄岗山，位于山脉北段、武夷山与江西铅山县交界处，海拔2158米，是我国东南沿海诸省的最高峰，素有"华东屋脊"之称[11]。

11 武夷山市志编纂委员会. 武夷山市志[M]. 北京：中国统计出版社，1994

在武夷山市境，武夷山脉所经之处群峰峻峭，风景秀丽，奇峰、秀水、石林、洞穴、丛林、珍禽、奇兽等组成一系列奇特的自然奇观，人文名胜也依托自然胜境而荟萃。关于武夷山的资料来源颇为丰富。

武夷山最早见诸文字是《史记》《汉书》。《史记·封禅书》《汉书·郊祀志》都记载了祭祀武夷君的祀事。之后，唐、宋、元、明、清各史也都有关于武夷山的记载。地方志书中，明代的《闽书》《八闽通志》，清代的《建宁府志》、民国的《福建通志》，以及历代的《崇安县志》等对武夷山的山水、名胜、人物记载更详。

1.3.2 关于武夷风格建筑

关于武夷风格的研究大都介绍武夷风格的几个代表性建筑，多数集中在1980年代齐康、赖聚奎、卜菁华（现浙江大学）、郑炘等东南大学几位先生所发表在期刊上的文章以及学位论文。如赖聚奎的《武夷山风景名胜区建筑实践一例》《武夷山开发前景及其建筑探索》；杨子伸、赖聚奎的《返朴归真 蹊辟新径——武夷山庄建筑创作回顾》；杨德安、赖聚奎的《风景区的保护和建设是一门科学——武夷山风景名胜区规划设计随感》；卜菁华的《武夷山风景环境与建筑初探》；郑炘的《山地风景区的建筑空间组织》；陈继良的《山地旅游宾馆建筑设计——兼论武夷山武夷精舍小区建筑创作实践》；洪铁城的《读"武夷山庄"有感》；张朴的《风景建筑形式研究》，以及建筑学报中发表的《武夷山风景区总体规划大纲》《武夷山风景名胜区总体规划技术鉴定意见》等。

而后在武夷风格继续发展的同时零星有些文章相继发表，如王宗钦的《景场环境与风景建筑形态构成——武夷茶观设计》；赖聚奎的《武夷山庄》；石元纯、陈磊的《建筑、环境、规划的融合——武夷山国家旅游度假区综合服务区总体规划》；齐康的《地方建筑风格的新创造》；林振坤的《武夷山机场候机楼、联检楼、航站楼设计》；杨瑞荣的《别具一格的武夷山建筑艺术》；张宏的《风景建筑中的自然与人文环境意识观——武夷山九曲宾馆设计》；詹魁军的《就武夷山青竹山庄设计谈建筑与环境的结合》；陈嘉骧、周春雨的《武夷写意——华彩山庄方案构思》；乔迅翔、路秉杰的《名山建筑重建设计——武夷山止止庵的设计思考》等。这些文章从不同的角度描述其设计过程或感悟，为研究武夷风格提供了一定的理论基础和实践论据。

1.3.3 其他

上述是直接描述武夷风格作品的文献，而间接描述武夷风格的文献来源更加丰富，主要有以下几方面。

1. 关于风格

关于风格的论述主要来自两方面：一是国内外对风格的大讨论，如《风格与时代》《风格的特征》《风格与流派》《世纪风格》《文学风格论》《艺术风格学》等名著，这些著作从不同角度对风格进行了深入分析，并各自发表了独到的见解，对于本书架构武夷风格基础理论很有帮助；另一方面是来自武夷风格的主要创造者之一的齐康教授，他对风格的直接论述是本书分析武夷风格的重要论据。

2. 关于地域建筑及新乡土建筑

地域建筑及乡土建筑理论是武夷风格写作的重要理论依据，目前在我国已经逐渐形成完善而成熟的理论体系。关于二者的论述纷繁复杂，此处不再一一列举。

武夷风格是我国地域建筑的"报春花"，因此，大多数关于地域建筑的著述都会或多或少地提到武夷山庄等武夷风格代表建筑。其中华侨大学庄丽娥的著作《新时期福建地域建筑创作探析（1970年代末～2000年代初）》，从创作者的角度来研究，以及对武夷山地区新建民居模仿武夷风格的肯定，笔者认为值得商榷。

武夷风格很好地响应了"乡土建筑现代化"的号召，它是新乡土建筑的代表作之一。其中《福建新乡土建筑人性化研究》一书中也对武夷风格做出了相关评述。

3. 关于风景、园林建筑设计

早期的武夷风格建筑几乎都坐落于武夷山风景区范围之内，研究风景建筑、景观建筑的理论有助于对武夷风格进行深入探讨。在国外，"景观建筑学"早已成为一门独立的学科，并已发展有近一百年的历史。在国内，景观建筑设计、风景建筑设计还没有形成一个完整的系统。

《风景建筑设计》从风景到风景建筑再到风景建筑学做了一个系统的介绍，并从中国人的自然宇宙观、传统建筑寻根、古典园林、形式美法则、构图技巧及创作实例几大块介绍了风景建筑设计的具体内容。《桂林风景建筑》把风景建筑设计分为景区特点和历史、建筑与自然山水、流线及建筑选点、建筑同自然基址的结合、建筑对山水意境的渲染和烘托、建筑对传统的继承与革新、建筑结构及材料各部分，结合实例图文并茂的一一讲解。《中国建筑艺术全集（19）：风景建筑》系统介绍了中国古代的风景建筑艺术及传统的山水美学、隐逸文化等。一些期刊及学位论文也对本书论点有一定影响，如南平市建筑设计研究院（原同济大学建筑系）颜文清在《风景名胜区旅馆建筑环境设计》中对武夷山庄提出中肯的意见，及其"风景名胜区旅馆建筑外部空间设计图解"为本书提供了独特的视角。

另一方面，因为武夷风格的诸多设计手法和理念都是源自传统造园理论，故园林建筑设计理论对研究武夷风格有着举足轻重的作用。计成的《园冶》、张家骥的《园冶全释——世界最古造园学名著研究》、陈从周的《说园》三本书是关于传统造园理论的经典著作，其精辟的见解是武夷风格诸多理论的源泉。刘晓惠著《文心画境——中国古典园林景观构成要素分析》，分别从景观结构要素和物质要素两方面对中国古典园林进行分析，其方法和内容使笔者深受启发。彭一刚教授的《中国古典园林分析》也是用西方科学方法分析传统园林的优秀著作。

4. 关于近现代建筑史论

武夷风格已被载入中国现代建筑发展史。作为一个历史现象，有自身的进化发展过程，通过史学家的观点，我们可以从历史的角度对武夷风格进行纵向剖析，找出其前因后果。

国内现代建筑史的著述中，对本书影响较大的有邹德侬著《中国现代建筑史》，书中的"地域建筑是繁荣建筑创作的先锋""旅馆带头探索设计新观念"等论点，以及对1980年代南京工学院（现东南大学）在福建地区取得成果的肯定是本书的重要依据。其次是王受之著《世界现代建筑史》，书中对现代主义以及后现代主义的评述，在本书中多次引用。萧默著《中国现代建筑艺术史》中对"五宜五不宜"提出客观中肯的评价对本书论点具有指导意义。

5. 其他相关理论

相关理论如关于整合设计、手法、隐逸文化、传统哲学、可持续发展理论、传统民居理论等详见后文，不再列举。

1.4 研究方法与框架

1.4.1 研究方法

本书对武夷风格的研究，一方面，笔者采用理论架构—实例介绍—系统分析—总结思考，逐步深入的研究方法；另一方面，从武夷风格的成功实践中总结出理论，再将理论应用到实践当中。资料收集方式主要为：现场调研、调查问卷、走访、拍照、图片及文献搜集、网络查阅等。

1.4.2 研究框架

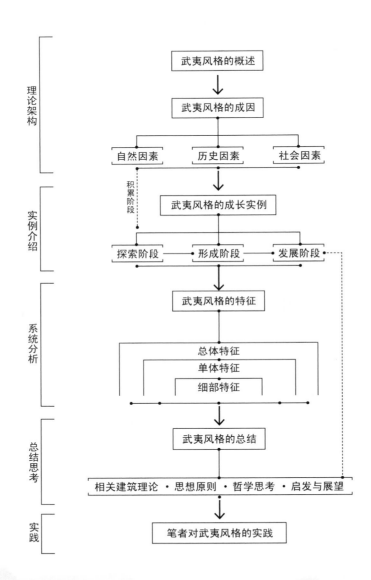

第二章

武夷风格的成因

围绕地方风格形成因素的多元性，如社会需求、自然环境、气候、地形地质、地方的建造技术、民族风情、历史文化等，本章将这些因素分成三类加以分析：自然因素、历史因素和社会因素。

2.1 武夷风格形成的自然因素

2.1.1 武夷山地区环境概述

高大的武夷山脉，为福建省的西北部筑成了一道陆上天然屏障，挡住了北方冷空气的侵入，截留住南面海洋吹来的暖湿气流，使该省大部分地区形成冬无严寒、夏无酷暑、雨水充沛、温暖湿润的亚热带海洋性季风气候。

山脉中的花岗岩分布区，特别是山脉的北、中、南段，随着地壳的隆升，岩体的出露，地表、节理的发育和长期的外力营造作用，形成许多崔巍、造型奇特的峰岩以及峡谷、异洞景观。在断陷带、赤石群体分布区，形成以"丹霞地貌"为特征的风景名胜区，武夷山国家风景名胜区便是其中之一。

武夷山于1999年12月1日被联合国教科文组织批准列入《世界文化和自然遗产名录》。它由四个部分的遗产保护区组成：自然与文化景观保护区（即武夷国家风景名胜区）、古汉城遗址保护区（即国家级重点文物保护单位——城村西汉闽越王城）、生物多样性保护区（即武夷山国家级自然保护区），以及九曲溪生态保护区。遗产地总面积99 975公顷，是迄至2000年为止面积最大的世界遗产地。

武夷山国家风景名胜区以兼得山水之佳、素有"碧水丹山"之美称而闻名国内外。发源于武夷山国家级自然保护区黄岗山的九曲溪盘旋萦绕于风景区的中心，曲水两岸名峰突起，远近映趣，争奇斗胜，景致万端，因之形成独特的山水媲美、珠联璧合的特色，人们称为具有"三三六六"之胜，三三得九，指九曲溪，六六三十六，则指景区出类拔萃的三十六峰。当代著名书画家潘主兰对此评价道："如此名山宜第几，相当曲水本无多。"

武夷山水素有"奇秀甲东南"之称，共辖五个景区。水有九曲十八弯、十一涧、八滩、七潭，山有三十六峰、九十九岩、七十二洞、一百零八景。景区内人文景观也十分丰富，儒释道的文化内涵在景区内兼容并蓄。书院、寺庙、宫观等遍布山中，碑碣和摩崖石刻等共有440多处[1]。

分析特定的自然环境对武夷风格的创作是有必要的，早期武夷风格都建于景区之内。卜菁华教授曾将武夷山自然环境的空间特征分为：巷弄式空间，如流香涧；全开敞的空间，如天游峰顶；围合式的空间，如茶洞；傍依的空间，如水帘洞和武夷宫；以及复合的序列空间，如九曲溪[2]。这些具有重要的参考价值。

1 武夷山市志编纂委员会. 武夷山市志 [M]. 北京：中国统计出版社，1994

2 卜菁华. 武夷山风景环境与建筑初探 [J]. 建筑学报，1983（2）：31-40，83-84

2.1.2 武夷山地区资源概述

延亘于闽赣两省边境500多千米的武夷山脉，地处亚热带季风湿润气候区。山脉所踞，平原、丘陵、山地、盆谷等地貌类型俱存，土壤多类，土质肥沃，水资源丰富，森林和植被茂密，保留有原始森林多处，广泛适宜生物繁衍和掩蔽生息。境内，物产丰富，矿藏多种，风景名胜甚多。海拔2 158米的主峰黄岗山，号称"华东屋脊"，位于福建境内。在福建西北部的武夷山国家重点自然保护区，是动物地理分布的过渡地带和泛北极植物区与古热带植物区两个植物区系的过渡地带，是中国—日本森林植物亚区的一个核心部分，动植物类型复杂多样，种类十分丰富，有"生物标本库"之称。1987年9月，联合国教育、科学及文化组织的"人和生物圈计划"将武夷山自然保护区列为国际生物圈保留地网之组成部分。

福建武夷山脉域内，山川俊秀，森林覆盖率高，生物华怪，奇观异景星罗棋布，有国家级和省级风景名胜区及自然保护区多处，旅游资源和水资源十分丰富。

"因"是武夷风格较突出的特征之一。武夷山地区丰富的天然资源为武夷风格创作的因地制宜以及对本地资源的因材致用、因物施巧等提供了良好的条件。

2.2 武夷风格形成的历史因素

2.2.1 武夷山地区的历史人文环境

武夷风格强调建筑融于自然，同时注重文脉的延续，武夷山悠久的历史文化为武夷风格提供了无限的创作素材，也是设计师创作灵感的源泉之一。如原冲佑观是武夷书院、九曲宾馆甚至武夷宫部分建筑的原型；古今的御茶园则源于武夷山源远流长的茶文化；大王亭、幔亭招宴、彭祖屋、彭祖山房等则是取意民间传说；如今的柳永纪念馆、朱熹纪念馆等是史出于武夷山的名人等；止止庵、天心永乐禅寺、慧苑寺等是武夷山宗教文化中心……更多的素材被直接或间接取用，本书将其概括列出，有待进一步挖掘。

1. 历史文化名镇

武夷山市于北宋淳化五年（994年）建县，名崇安县，1985年3月1日，崇安县列为全国首批对外开放县市。1989年8月21日，经国务院批准，撤销崇安县，设立武夷山市，现属南平市管辖，全市5镇5乡，13个居民委员会、115个行政村，共21万人口。

武夷山市历史悠久。据最新考古证实，早在3万~5万年前的旧石器时，就有人类在这里活动。夏商时期，古代先民已聚居武夷山，留下古老奇特的殡葬遗物——千古之谜的架壑船棺。西汉初期，闽越国在这里构筑王城，留下至今江南发现的保存最完整的汉代王城遗址，被誉为"江南汉代考古第一城"。南宋时期，全国政治、经济、文化中心南移，被誉为"东南奇秀"的武夷山成为释道两教和儒家传道授学之所，羽士、僧尼和文人墨客荟萃名山。据史书记载，武夷山在鼎盛时期共修筑寺庙、祠堂、宫观和书院等多达187处。宗教文化和儒家文化的勃兴促进了经济的繁荣，以茶叶为主要产品的农业经济较快发展。元朝，武夷茶闻名朝野，朝廷于武夷山四曲之畔创御茶园。茶叶的畅销，开始打破半封闭的经济结构。明末清初，武夷茶独特的制作技术脱颖而出，武夷茶声誉鹊起，大量出口外境。

2. 朱子理学概述

武夷山与朱子理学有着不可分割的联系，是朱子理学的摇篮。朱子理学在武夷山孕育、形成、发展。中国历史发展到北宋时期，进入封建社会后期，国家的政治、经济、文化重心南移。文化基本形态的儒、释、道汇集于武夷山一带。此时即有著名理学家胡安国、杨时、游酢等在武夷山传播理学。到了南宋，14岁的朱熹到武夷山落籍，直到71岁去世，在武夷山从学、著述、传教、生活了近60年，在武夷山完成了朱子理学思想的代表作《四书章句集注》。他集濂、洛、关学之大成，建立新的儒学思想体系，以儒学融合佛道，改变三教鼎立，在汉族统治阶级中重新树立起儒家思想的正宗地位。朱熹在武夷山创办的武夷精舍等书院成为当时最有影响的书院，直接在武夷山受业于朱熹的学者有200多人，其中许多成为著名理学家，形成一支有影响的理学学派。在朱熹的影响下，历代理学家纷纷以传道为己任，在武夷山溪畔峰麓择基筑室，著书授徒，弘扬理学，使武夷山成为朱子理学萌芽、成熟，直到传播、发展的名山，为中国古文化做出突出贡献。因此，中国著名历史学家蔡尚思教授赞誉："东周出孔丘，南宋有朱熹。中国古文化，泰山与武夷。"[3]

3 武夷山志 [EB/OL]. http://www.wuyishan.gov.cn

3. 宗教概述

武夷山脉诸名山的宗教多以道教、佛教为主。山脉北段的武夷山风景名胜区尤以"千载儒释道，万古山水茶"驰名于世。其中"儒"重在朱子理学，应属学术范畴；"道"则重在武夷山为华夏三十六洞天之第十六洞天，即升真元化洞天；"释"重在其名列佛教"华胄八小名山"。又因武夷自16世纪末叶以来，多有西方传教士到现武夷山自然保护区内的模式标本采集地——曹墩一带采集标本，并在山中建教堂，天主教、基督教遂在山中传播。如今，随着武夷山进入世界双遗产地的行列，西方宗教也应时进一步发展。

4. 文学创作

武夷山以其绚丽多姿的奇峰秀水和内涵丰富的武夷文化吸引了古今名流纷至沓来，寻幽览胜，吟咏酬唱，留下数以千计的文学作品，诗词歌赋、散文随笔、山记游记，应有尽有、琳琅满目。南北朝时期的著名文学家江淹，学者顾野王；唐末俗传八仙之一的吕洞宾，著名诗人李商隐、徐凝；北宋文学家杨亿、苏轼，词人柳永，政治家范仲淹；南宋名相李纲，诗人陆游、辛弃疾，理学家朱熹；元代文学家范椁、杜本，诗人虞集、萨都剌；明代名臣刘基，文学家王守仁、徐渭，军事家戚继光，地理学家徐霞客；清代文学家钱澄元、朱彝尊，诗人施闰章，政治家李光地；当代文学家郁达夫、刘白羽，诗人顾工，著名学者郭沫若、赵朴初、费孝通等都留下了吟咏武夷山的诗文。他们或唱和酬答，或抚今吊古，或题壁明志，或借景抒怀，或致力于探险寻幽以深究奥秘，或尽其游兴所得倾注于著述，载入史册，传流于世，为名山增辉添色[4]。

4 武夷山市志编纂委员会. 武夷山市志 [M]. 北京：中国统计出版社，1994

5. 传统艺术

武夷山的丹山秀水，激发着古今中外艺术家们的创作灵感。早在秦时，就有传说中的《人间可哀之曲》流传。汉代，闽越国王城的构筑，留下独具特色的建筑艺术。唐时，已有文人雅士的摩崖题刻留于山间。宋以后，国家的政治、文化中心南移，武夷山成为重要文化名山，名道高僧、隐士大儒汇集一山，各种艺术创作更是丰富多彩，像脍炙人口的《九曲棹歌》，肃穆典雅的武夷茶艺，形象逼真的素描丹青，都是极其珍贵的艺术佳作。武夷山琳琅满目的摩崖题刻，更是一座书法艺术的宝库。

6. 民间传说

幔亭招宴、聊斋志异·武夷、架壑船、雷雨毁石堂、黄朴访仙、彭澹轩武夷遇异、仙船、毒溪训、神物、铁香炉、大王与玉女、彭祖与武夷、金鸡报晓、幔亭宴与虹桥板、大红袍、半天腰、水帘洞、韩湘子跑马吹笛、杨龟山巧对对子、杨八妹与鳞隐石林、杨"半仙"赶山、玉华洞的发现、仙女潭等传说都是武夷山人民千百年来智慧积累的见证。神奇而丰富多彩的民间传说成为武夷风格不可多得的设计素材。

7. 人物概述

武夷山脉自东北向西南逶迤纵贯福建省，孕育出众多的历代八闽精英。天宝物华，地灵人杰，名流辈出，蜚声遐迩。自《史记》记载汉朝廷用干鱼祭祀武夷君伊始，武夷人物名列二十五史的就有数百名之多，载入地方志的更是不可胜数。受汉廷敕封为闽越王的无诸和他的裔孙徐善是山中最早出现于史籍中的名人，汉以后历朝的武夷名人纷纷涌现，各呈风采，他们或荣任职官、开疆辟土；或凯旋入境、策勋崖石；或文采斐然，题咏绘画；或山中兴学，授徒著述；或隐居寻胜，讴歌名山。山中群贤毕至，人才济济，历久不衰，其中本邑人士声名卓著者亦大有人在，如名臣李纲、杨荣、真德秀、邹应龙；名儒杨时、游酢、罗从彦、李侗、朱熹；名诗词家柳永、杨亿，以及名书法家、名画家僧惠崇、伊秉绶、黄慎等都备载于史册，享誉于文坛，为武夷山增辉添彩。古今中外著名人物济济于山中，极长期之盛，《武夷山志》的"人物传略"收入人物传主286名。

2.2.2 武夷山地区建设及规划历史

1. 武夷风格的历史积累——民国及其以前

历史上武夷山的建设，除武夷宫、武夷精舍有多次受到敕赐之外，其余建设完全靠个人投资或捐赠集资而建，没有统一的建设和管理，因而，大都为土木结构为主体的建筑。随着时间的流逝，自生自灭，有的则遭受水火兵燹之灾，如元初著名道士彭日隆在九曲平川建的和阳道院，倾30年之功，于元延祐七年（1320年）完全告竣，规模宏丽，为冲佑观之亚，却于明永乐十四年（1416年）为大水所漂，荡然无存。武夷宫则多次蒙受兵火之灾，屡屡重建，工费甚巨。武夷山鼎盛时期的300多处室、斋、亭、屋、寺、观至清末大多湮没[5]。值得庆幸的是，下梅、城村、赤石等多处明清时期的古民居大部分被保留下来。这些古民居结合武夷山悠久的历史文化成为后来武夷风格建筑创作最重要的依据。

民国时期，由于国民党军队对闽北苏区的残酷"围剿"，武夷山建筑被大规模破坏。战争时期武夷山几近荒芜，幸存的屋宇很少，茶山荒弃，一些古迹文物也荡然无存。民国二十九年（1940年）9月，著名爱国华侨陈嘉庚先生率"南侨筹赈祖国慰问团"回国至崇安视察后认为：武夷比较阳朔有过之无不及，"若加以建设，必誉为东方之瑞士"。他表示愿捐资1万，用5尺（1尺≈33.33厘米）石板改建道路，并先捐1 000元为筹备费。由于陈嘉庚的强烈呼吁，县政府随后成立"武夷名胜管理委员会"，又称"武夷山胜迹整理委员会"，并请省教育厅派技术人员指导协助整理武夷名胜，但实际工作收效甚微。后因种种原因此项工作不了了之。

2. 希望与反思——中华人民共和国成立后至"文革"期间

中华人民共和国成立后，对国民党留下的带有政治色彩的所谓"剿匪阵亡将士公墓"的墓、塔、碑予以拆除，当时百废待兴，对武夷山一些文物古迹，还未着重保护。1960年代以后，开始小规模的恢复和建设，在九曲溪的五曲溪畔创建中国人民解放军192医院（又称疗养院）。1958年，为国防之需，武夷宫、中山堂等均由192医院代管。1964年，随着国民经济逐步好转，福建省人民政府在武夷宫成立福建省武夷山管理处，隶属福建省机关事务管理局，开始筹划建设武夷山。1966年"文革"开始，该项工作中断。朱熹创建的武夷精舍也被拆毁。1969年11月，由崇安县革命委员会执管，并将管理处改为"五七"干校，作为干部的劳动之所。1975年初，崇安县组织武夷山规划小组，对武夷山风景资源进行调查和规划，后由于受到"反击右倾翻案风"的冲击而夭折[6]。

这段时期的建设对武夷风格没有太大的直接影响。一些建设的不足和失误之处令后来的建设者们深切的反思，如对文物的保护及对生态环境的充分重视等等。

3. 武夷风格的探索及形成——1979年以后至1980年代末

1979年2月，成立崇安县武夷山规划队，开展武夷山规划建设工作。5月，县政府将规划队扩充为崇安县武夷山建设委员会。武夷山开了大规模开发和建设，当年2月至5月即在云窝整理出27处胜迹，并修复十几处楼、台、亭、阁。以后，每年省政府和地区行署都分期分批投入资金用于景区的修复和开发，以及旅游服务基础设施的建设。1979年7月3日，国务院正式批复同意福建省革命委员会的报告，将崇安县自然保护区列为国家重点自然保护区。由福建省林业厅主管择址崇安县桐木村建立保护机构——福建武夷山自然保护区管理处。武夷山旅游业开始进入新的时期。

1980年2月，成立福建武夷山管理局，统筹武夷山风景区的保护、管理、规划、建设工作。并从当年起，省政府每年拨专款100万元，作为武夷山建设基金，用于道路、桥梁及古迹古建筑的整理和修复。1981年12月11日，福建省人民政府发出《关于加强武夷山自然保护区和风景区建设的座谈纪要》，将武夷山自然保护区和武夷山风景区合并成立武夷山管理区。同年，福建省中国旅行社投资60万元修复九曲竹筏码头及其附属建筑。建阳地区行署从地区财政中贷款124.65万元，作为192医院的搬迁补偿费。1982年11月，经国家城乡建设环境保护部、文化部、旅游局审定，并经

6 武夷山志[EB/OL]. http://www.wuyishan.gov.cn

国务院批准，武夷山列为国家首批重点风景名胜区，加快了武夷山开发建设的步伐。大量的建设需求为武夷风格的形成创造了契机。武夷山庄等大部分武夷风格代表建筑便是在这个时期开始建设的。

1983年2月19日，福建省人民政府发出《关于武夷山自然保护区和风景区体制问题的批复》，将武夷山自然保护区和武夷山风景区分开管理，从此，各项规划工作全面展开。而此时全国学术界开始对风景区建设展开一场大讨论（详见《建筑学报》1983年第3期至第9期）。1984年，根据武夷山总体规划的要求，成立福建崇安武夷旅游开发公司，负责溪东旅游服务区的规划、开发、建设和经营。12月与武夷乡公馆村、角亭村第一次签订了溪东服务区2.51平方千米用地协议，开始开发溪东旅游服务区。根据国家城建部"要把绿化放在首位"的批复精神，1985年3月，南京林业大学编制完成《九曲溪两岸绿化规划》。修改后的《九曲溪两岸园林绿化规划》于1986年上报，1988年4月4日经福建省建委批复同意实施。1987年11月，武夷山管理局完成景区70平方千米四至范围的立碑标界工作。随着武夷山道路、码头、古建筑、古遗迹的整理和修复，以及服务设施和道路设施日臻完善，武夷山旅游业不断发展，武夷山在境内外名声日益提高，武夷风格也随之蓬勃发展。

4. 武夷风格的发展阶段——1990年代至今

为了适应国内外朱子学研究的需要，突出"武夷精舍"的历史文化价值，1990年武夷山风景区管委会委托东南大学（原南京工学院）建筑研究所编制《武夷精舍小区规划》，经技术论证之后，福建省建委于1991年9月2日正式批复同意实施，特别提出"止宿寮"宾馆（"止宿寮"为原朱熹"武夷精舍"的附属建筑，现改名九曲宾馆）规模控制在120床位以内。同年12月21日，福建省建委又批准市区《小武夷公园的规划方案》，公园占地面积2.4平方千米，共有大小山峰47座，建设年限至2000年。近期开发占地15公顷的百花岩小区。1992年6月22日，福建省人民政府正式批准设立武夷山旅游经济开发区，赋予扩大经营管理权限等14条优惠政策。开发区总面积90平方千米，规划为5个功能小区，即武夷山风景区（60平方千米）、溪东旅游度假区（12平方千米）、五九路商贸区（2平方千米）、黄金垄旅游文化娱乐区（8平方千米）、杜坝旅游工业加工区（8平方千米）。至1992年8月底，已与香港东勋发展有限公司签订独资兴建高尔夫球场、征地1.32平方千米的协约；与香港维德集团签订兴建占地1平方千米的旅游度假别墅群的协约；与香港德辉有限公司签订建东方文化城的协约，投资总额达1.76亿美元。1992年10月4日，国务院又批准在溪东建立"武夷山国家旅游度假区"，要求全封闭管理，并赋予在区内基建所需进口设备可免征进口税、产品税等8条优惠政策。按照旅游度假区的标准和要求，重新规划设计的溪东旅游服务区12平方千米内，设旅游服务、文化风情、水上活动、休闲别墅、综合娱乐等5个小区。从而拉开了高起点、高标准、高档次、高质量开发建设武夷山的序幕，同时促使武夷风格进入一个更高层次的发展阶段。

2.2.3 武夷山地区古民居概述

1980年代以前是狭义武夷风格的积累时期，它对于研究武夷风格有着举足轻重的作用，正如齐康教授所言："武夷山雄伟而绮丽的风光获得国内外游客的广泛赞誉，而它悠久的历史，众多的名胜也是游客的兴趣所在。然而，这些名胜古迹虽多已不复存在，但研究人文环境的历史、文化的影响，作为我们研究风景环境的重要依据，仍有必要就尚存的古代建筑和大量的民居进行分析。"[7]因篇幅关系，本书对武夷山古民居进行粗略分析。

7 齐康. 风景环境与建筑[M]. 南京：东南大学出版社，1989：44

1. 概述

武夷山地处赣、浙、闽三省的交界处，传统民居有飘逸清秀的福建民居，有端庄秀美的浙江民居，还有浑厚质朴的江西民居。地区经济相对滞后，建筑的地方性由泥土、砖瓦、木石来区分表现。福建的石料运作颇负盛名，雕刻成为主要建筑装饰手段。兴贤、下梅、曹墩是武夷山市3个历史悠久、民风古朴的村镇，这3个村与城村（闽越王城遗址）共同构成武夷山独具特色的民居风格。古崖居遗构则是更加原始的民居形式。

武夷民居地处山区。居民大多集居，少则三五家、十几家，多则几十家，组成村落、小街乃至集镇，它们根据不同的自然环境和地形地貌，依山傍水、因地制宜，形成许多安谧、恬静而又富于生活气息的小社会。村内房舍纵横为邻，墙接瓦连，构成曲折幽深的小街窄巷。局部留出空地，作晒场和交往活动场所。其对自然空间的划分和街景的组织是武夷风格创作的极好素材。

由于受共同的气候条件、传统工艺影响，乃至共同观念的制约，民居在总体布置方式以及基本的处理手法上有着共同的特征。而单幢民宅则由于特定的地理位置、不同的经济状况和个人生活习惯差异，而各具差别，反映出建筑的个体特性。

武夷民居多是内庭式——围绕内天井布置房间，外墙封闭[8]。其主要特点是：①外墙封闭有利于夏季防晒、冬季防风。②地处偏僻山区，出于安全的需要，这种形式有利于防偷防盗。③宅与宅紧接靠拢，建筑密度也较大，有利于节约用地。④民居外观简洁，封闭的外墙几乎没有什么装饰，仅在入口和墙头稍做处理。⑤与简洁的外形相反。内庭式住宅非常注重内部空间的处理，常有一进、二进甚至多进布置，围绕其天井安排各种功能的空间，形成丰富的空间组合层次。在内天井中，有较好的阳光、空气和绿化条件，又与外部隔离，少受干扰。堂屋与内天井畅通无隔断，便于家庭公共性活动（图2.1）。⑥其结构简单，全部都是木构承重，穿斗式构架居多，外围夯实土墙，施工简便，装饰材料也多为当地所产。

8 齐康. 风景环境与建筑[M]. 南京：东南大学出版社，1989：45

从整体来看，武夷民居总是选址于近水处[9]，如位于武夷山市区东南12千米处的下梅古民居，分列于长900余米的当溪两旁，沿河两岸建有凉亭、美人靠（图2.2）。古街、古井、古码头、古建筑、古民居、古集市，加上古风淳朴的民情风俗，构成典型的南方水乡格调。下梅保存了以邹氏祠堂为代表的集砖雕、石雕、木雕艺术于一体的典型清代民居特色建筑群，几片微呈曲线的封火山墙表现出几分个体差异，在和谐整体中加上某种变幻和生气。这些山地村舍充分利用山坡，结合地形

9 齐康. 风景环境与建筑[M]. 南京：东南大学出版社，1989：45

图 2.1 武夷民居天井及内庭院

图 2.2 下梅当溪及其沿岸建筑　　　　图 2.3 武夷民居屋面灵活搭接

低处二层，高处一层，屋顶化大为小，自由穿插搭接，挑廊轻巧（图2.3）。

有独处的山地民居，如水帘洞、桃源洞一带，很注意与自然景色的结合，建筑布局灵活自由，依山地位置而定，建筑结合生产、方便生活，是武夷山地民居的特点之一。

在武夷山脉主峰——桐木一带，有许多林区小筑，散布在山林深处，伐木道边，更具明显的特征是由封闭的内部空间转向内外流通空间。出檐深远，出挑外廊则形成一种更接近大自然的构思。

出挑外廊作为武夷风格常用的吊脚楼的形式，在武夷山古民居中随处可见，位于武夷山风景

图 2.4 曹墩吊脚楼　资料来源：http://www.tianya.cn

名胜区九曲溪上游的曹墩村更是连成一片（图2.4）。民国十四年（1925年），土匪朱金标带领匪徒到曹墩抢劫，放火将曹墩上街、中街烧成一片瓦砾，所以现在在街中很难找到古民居了。中华人民共和国成立后，村民利用废墟因陋就简盖起了清一色的全木结构吊脚楼，逢年过节家家户户把门板、柱子、壁板擦洗得干干净净，一尘不染。这种房子干燥，不会返潮，居住舒适。街上有古老的打铁店、弹棉花铺、中药铺、茶庄以及根雕、竹艺店等，人们置身其间感到安详宁谧，流连忘返。

　　位于武夷山风景名胜区南20千米，城村汉城遗址北侧的古村住宅建筑，至今尚保留40余座，皆具明清风格。住宅平面多以三合院为一进，外辟砖雕门楼装饰的大门，贯通前后。大者沿纵轴可多至五进，并在横向增加二三条平行轴以"弄"联系，为日常生活的主要通道。屋内摆设都用明清两代家具；房屋外观多古朴，硬山屋顶，起架平缓；山墙多采用立砖空砌；内部梁柱用材较大，木质坚硬。有的厅堂立柱采用楠木或苦楮树为材料；基台皆用青石台阶，灰砖铺地。房间正中做抬梁，梁、柱多用斗拱交接，并加精细的木雕。厅内梁上多用彩画，色彩朴素淡雅。斗拱、照壁、门楼和门窗等，刀法流畅有力，深浅适度，为明清时期建筑艺术珍品（图2.5）。

图 2.5 城村赵氏家祠厅堂

图 2.6 武夷民居外墙及窗洞

图 2.7 武夷民居封火山墙

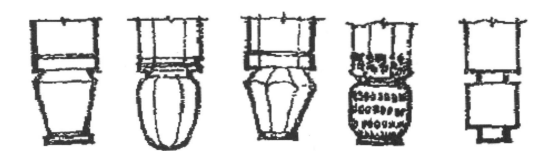

图 2.8 武夷民居挑廊垂花柱的柱头花饰　资料来源：齐康 . 风景环境与建筑 [M]. 南京：东南大学出版社，1989：47

2. 建筑做法

在民居的建筑做法上，外墙大多就地取材，墙基勒脚用块石或卵石叠砌（图2.6）；墙身多为厚实的夯土墙，墙上间或点缀几处小窗洞，在青山绿野间显得格外粗实敦厚。墙顶用青砖灰瓦做成阶梯形封火山墙，角脊微微上翘，建筑外形具有明显武夷地方特色（图2.7）。屋顶坡度平缓，屋面常常化大为小，灵活穿插搭接（图2.3），屋檐下挑廊垂花柱的柱头花饰繁多，有圆形、方形、花篮形等（图2.8）。

图 2.9 武夷民居入口

图 2.10 武夷民居入口门楼

图 2.11 武夷民居门枕石

　　大门是民居的重点装饰处，一般由砖石门框、木门、门枕石组成，且上部有门楼（图2.9～图2.11），大门外另有一道格子门，格子门上部透空，以利通风采光。上部门罩或雨披造型简练、结构合理。

图 2.12 下梅建筑中砖雕、木雕

宅院府第、祠堂、会馆、门楼等精雕细刻、磨砖对缝、气势显赫，在工艺技法上具有很高水平。精美的砖雕、石雕、木雕在武夷山古民居中不乏上乘之作（图2.12）。

结构梁柱多用穿斗式，因用料经济，常用小木拼合或用抬梁式。外墙仅作围护，楼层、屋面均由木构架承受（图2.13）。大宅院则梁大柱粗，大量采用花雕饰件，柱呈方圆形、上下有卷杀，各式柱础有木质石墩（图2.14），横向木纹放置以防潮气上升。

图 2.13 武夷民居结构形式

　　门窗、大厅屏门及两侧间壁，多用实板，仅于上部梁板之间，饰有长条图案花格。次间面向天井装有一樘长窗为宅内装修之重点，雕琢精致。两厢隔扇较多用方格直棂式，以便糊纸（图2.15）。

图 2.14 下梅民居木质石墩　　　　图 2.15 武夷民居隔扇

图 2.16 古崖居遗构　资料来源：http://super.zhaoni.com

10 齐康. 风景环境与建筑 [M]. 南京：东南大学出版社，1989

3. 总结

武夷民居从整体布置到空间组织，都体现了在特定自然环境条件下的实用性与精神性，以及在特定社会、技术条件下这种实用性与精神性的表达。由此表现出独具特色的武夷民居的地方特色。[10]

此外，位于武夷山水帘洞景区丹霞嶂半腰的古崖居遗构是武夷古民居比较原始的形态。其整个建筑嵌于一条东高西低、长约百米的岩洞中，上下各数十米，如空中楼阁（图2.16）。因其通过木制的"天车"（辘轳）上下，故当地群众也称"天车架"。现存遗构为清咸丰年间建，大体可分为三个部分：东端（最高处）为膳食区，地上有舂米的石臼，舂米木架尚完好；沿崖还有一"阳台"，围以木栏，中部（次级）是起居区，深广各数十米。建筑有两层楼房，木柱嵌于岩石中，横梁纵架都尚完好。

2.3 武夷风格形成的社会因素

社会因素包括政治、经济、教育、法律、劳动、人、医学、体育等等诸多方面。本节只对其中主要的政治经济和群体两方面加以论述。

2.3.1 武夷风格形成的政治经济因素

1. 中国改革开放的社会背景

武夷风格形成于十一届三中全会之后，1980年代初。在十年改革开放的社会背景下，经过政治上拨乱反正、经济上"调整、改革、整顿、提高"等之后，形成一个百废待兴的局面。虽然建筑界在起初没有太大的作为，但是新时期的前十年，实际上进入了一个以经济因素为主导的建筑创作时期，这为建筑师的思想解放和建筑创作的繁荣创造了条件。

与此同时与世隔绝了几十年的中国建筑师，迫切需要了解世界。国外建筑师在中国设计建成的建筑物，令人称奇的国外建筑大师的经典之作以及国外的建筑理论和思潮，在中国建筑师面前，形成了巨大的冲击波，冲击着现有的建筑观念、设计方法乃至中国的建筑材料和建筑设备工业。

改革开放为学术界的蓬勃发展创造了温润的土壤，使得武夷风格等优秀作品的出现成为时代需求、时代发展的必然。

2. 新时期建筑创作新气象

（1）砸烂传统之后的古典复兴

"文革"中对古建筑破坏的惨痛教训，使社会开始珍惜古建筑，对传统建筑形式有很大的包容性，新时期传统建筑的新延续一直不断，尤其在特定的区域，如古城西安、曲阜等地有明显的新成就。为适应旅游业的发展，在许多旅游景区，特别是古代的遗迹所在地，以复原的方式建设了一批复古建筑。但许多项目曾受到专家的质疑。

（2）旅馆建筑探索新观念

在引进国外建筑设计方面，旅馆建筑走在了前面，中国的改革开放，使得国外来华的旅游者剧增。早在1979年国家还是计划经济体制的时候，政府一次投资3.7亿元，在17个省、市建设23个旅游旅馆。1978年以来已有130余所旅馆分布在20个省市，建筑面积180多万平方米，客房3.3万间，6万多床位。1984年国家计委制定《旅游旅馆建设的有关规定》，对旅馆等级、标准及技术措施等做出具体规定，1986年颁发了《旅游旅馆设计暂行规定》。旅馆建筑的创作，在一定程度上代表了建筑界的创作历程、甘苦和得失。

（3）艰难起步阶段的创作热忱

在国外建筑理论尚未被大举引进中国时，主流设计思想环境却大体如旧，建筑还在"短缺经济"中挣扎，过低的设计标准基本没有改善。当年建筑师在相对独立环境中的摸索和创作热忱，令人感动。

3. 地域建筑是繁荣创作的先锋

地域性建筑是中国建筑师比较关注的课题，也是成就突出的领域。我们已经看到20世纪50年代、60年代和70年代连绵不断的地域建筑的浪潮。在新时期的1980年代，建筑师很快掀起第四次浪潮，为建筑创作的繁荣增添了光彩。

在福建地区，南京工学院（现东南大学）的教师和当地建筑师的探索起步较早、时间较长、成就显著，自1980年代之初陆续探索至今，已经形成了在福建地区的系统成果[11]。

武夷风格是福建地域建筑的重要代表。结合前文中的历史背景，其创作一直在积极推进。外地建筑师和武夷本地匠人一起，已经闯出了武夷特色的路子。进入1990年代之后，这一思路不断深化，对新时期中国现代建筑的发展做出了积极的贡献。

2.3.2 武夷风格形成的群体因素

齐康教授把认识城市分为四种人的观念：领导观念的城市、学者观念的城市、老百姓观念的城市和开发商观念的城市。这其实也囊括了主观上形成地方建筑风格的四类人群的因素。

1. 老百姓与武夷风格的形成

武夷风格的形成到发展离不开群众智慧的积累和其广泛的支持。齐康、赖聚奎等多位武夷风格的设计师也多次提到地方"民族感情"的重要性。

为此，笔者在武夷山地区对300户普通百姓做了一个抽样调查（表2.1~表2.2），收回240份调查问卷（两份不作回答者不计入人数），以了解百姓心目中的"武夷风格"，并针对调查结果做出相应思考。

接下来笔者从建筑学专业的角度对最终统计数据做简要分析，仅供参考。

第1题："您听说过武夷风格吗"。"武夷风格"本身是建筑界的专业词汇，选择听说过的占53%，没听说占47%。说明在武夷山本地其知名度是不小的。同时也反映了一个问题，那便是知名度进一步提高的空间很大，因为知道的人刚刚过半。

第2题："您认为武夷风格建筑包括哪些"。设置此问题是因为武夷风格的范畴在学术界还没有统一的说法。笔者访谈了几位武夷山本地老建筑师如陈建霖、吴锡庆等人，他们只承认武夷山风

11 邹德侬，戴路，张向炜.中国现代建筑史[M].北京：中国建筑工业出版社，2010

表 2.1 武夷风格调查问卷之选择题（单项选择）

题号	选择题目		答案	选择人数	百分比	图示
1	您听说过武夷风格吗	A	是的	112	47%	
		B	没听说过	126	53%	
2	您认为武夷风格建筑包括哪些	A	武夷山风景区内的建筑等	24	10%	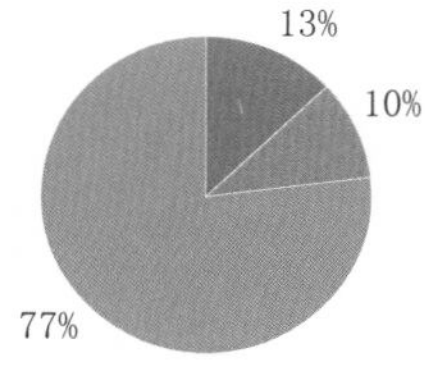
		B	武夷山行政范围内的建筑，包括风景区、度假区和市区	184	77%	
		C	不知道，不了解	30	13%	
3	您喜欢武夷风格建筑吗	A	喜欢	62	26%	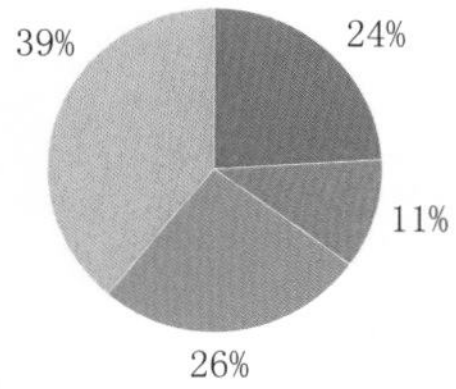
		B	不喜欢	93	39%	
		C	一般般，不喜欢也不讨厌	57	24%	
		D	不了解所以不知道	26	11%	
4	您认为用石头累起来的武夷山景区大门怎样	A	不错，很大气	115	48%	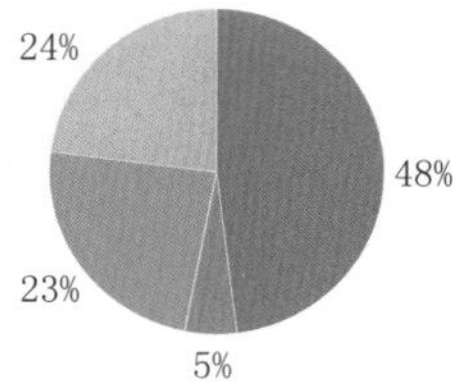
		B	不好，太粗野了	13	5%	
		C	一般般，不喜欢也不讨厌	56	24%	
		D	我有其他看法	54	23%	
5	您最喜欢武夷风格建筑中的哪个	A	武夷山庄	43	18%	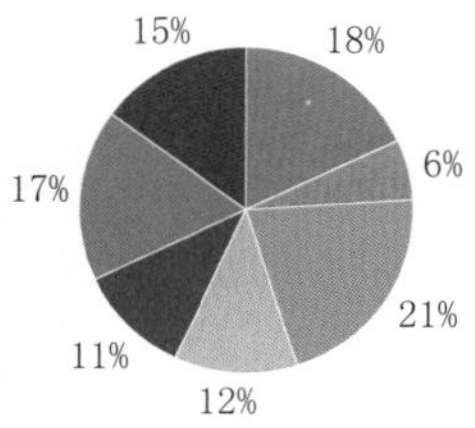
		B	九曲宾馆	14	6%	
		C	幔亭山房	50	21%	
		D	宋街	29	12%	
		E	玉女山庄	26	11%	
		F	武夷风情商苑	40	17%	
		G	其他	36	15%	

续表 2.1

题号	选择题目		答案	选择人数	百分比	图示
6	您期望自己在武夷山的家是什么样子的	A	像武夷山庄、九曲宾馆或者幔亭山房那样的仿古建筑	57	24%	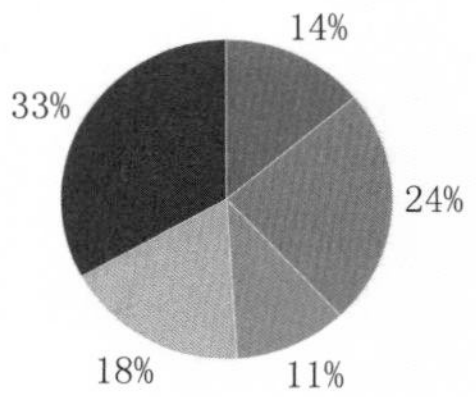
		B	像三清殿、止止庵那样的纯古建筑	27	11%	
		C	像华彩山庄、武夷山二中大门一样的现代建筑	43	18%	
		D	小洋房、欧陆风情	78	33%	
		E	普通的楼房	33	14%	
7	您认为武夷山庄、九曲宾馆等武夷风格建筑是源于什么	A	武夷山的自然、历史人文环境	83	35%	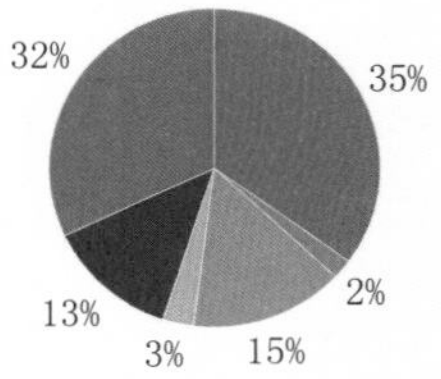
		B	东南大学的优秀设计师	5	2%	
		C	武夷山人民千百年以来的智慧结晶	36	15%	
		D	中国改革开放的历史促成	7	3%	
		E	中国传统建筑及园林的影响	31	13%	
		F	以上各项的结合	76	32%	
8	您对目前武夷山地区建设仿武夷山庄、宋街等"一边倒"的现象怎么看	A	是个危险的信号，千篇一律加上施工质量粗糙，令人担忧	57	24%	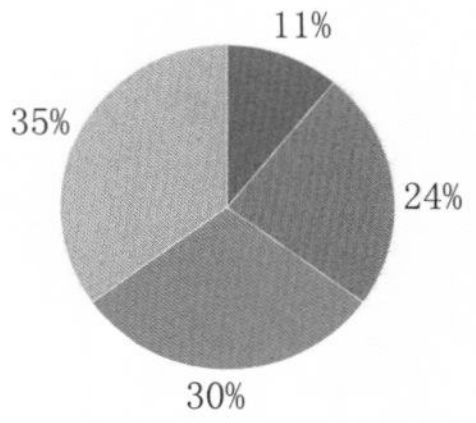
		B	这并不是个坏现象，整齐统一，对于建设"武夷山城市特色"有利	72	30%	
		C	没什么好坏，一切顺其自然就行，凡事都有其自身从无到有、从粗到精的发展过程	83	35%	
		D	以上都是	26	11%	

景区内的建筑是武夷风格建筑。笔者原以为在老百姓眼中，武夷风格的定义可能并不是他们关注的事情，所以选择"不知道，不了解"的应该占多数。但结果却恰恰相反，调研结果中选择"武夷山行政范围内的建筑，包括风景区、度假区和市区"的人数最多，达77％。次之是选择"不知道，不了解"的占13％。剩下的10％选择了"武夷山风景区内的建筑等"。

第3题："您喜欢武夷风格建筑吗"。此题也有些出人意料，更有点摸不着头脑。后来联系同样出人意料的第6题才晃有所悟，容后详述。

第4题："您认为用石头垒起来的武夷山景区大门怎样"，选择"不错，很大气"的最多，占48％；最少的是"不好，太粗野了"；剩下的就是"一般般，不喜欢也不讨厌"或"我有其他看法"。这个答案可以看出百姓的公正性。据说武夷山年龄大一些老同志曾经把彭一刚先生所设计的武夷景区大门评为"武夷山最丑的建筑"，后经打听才知有别的人为因素。其实，在笔者看来，景区大门不失为一件优秀的大家风范作品（图4.12）。它以一种最质朴、粗犷的形态恰到好处地表达武夷山特有的真山水、纯文化。遗憾的是后来不知为何，在大门后面又立起来一个古典的"牌坊"式的大门，与现有建筑隔河相望。可能这画蛇添足的行为也让一部分人大失所望吧！

第5题："您最喜欢武夷风格建筑中的哪个"。此题一共提供了7个答案，从大的方面来看，民众的看法是比较客观并接近我们的专业观点的——选择"武夷山庄"（18％）、"幔亭山房"（21％）、"武夷风情商苑"（17％）这3个的人数居多。令人深思的是选择"幔亭山房"的比选"武夷山庄"的高出3个百分点，幔亭山房与武夷山庄几乎是同时启用的，在外界看来武夷山庄的声名远扬，幔亭山房却很少有人知道，其中缘由容后详述。而选"武夷风情商苑"的人数也与选"武夷山庄"的人数不相上下，2005年才刚刚开盘的武夷风情商苑是赖聚奎先生在武夷山的最新力作，与武夷山庄不同的是商业建筑与旅馆建筑、景区外与景区内的建筑之别。或许是商业建筑更加大众化，所以武夷山人民很快就将风情商苑列入经典之列。

第6题："您期望自己在武夷山的家是什么样子的"。这恐怕是最有趣的一题了，选择"小洋房、欧陆风情"的最多（33％），小洋房在大众心目中其实代表着富足美满的生活，此调研结果也正表达了大众的心声。"像武夷山庄、九曲宾馆或者幔亭山居那样的仿古建筑"次之（24％），在这里最难解释的民族感情得到了一定的体现。"像华彩山庄、武夷山二中大门一样的现代建筑"紧跟其后（18％），说明老百姓并不是因循守旧的，而设计者从来就不应该忽略建筑的"时代性"。通过此题也就可以理解第3题中39%的人选择不喜欢武夷风格建筑的调研结果了。

第7题："您认为武夷山庄、九曲宾馆等武夷风格建筑是源于什么"。在采访过的多数专业人士看来此题必选最后一项"以上各项的结合"，但这个答案在百姓心目中还不是最满意的（32％），选择最多的是"武夷山的自然、历史人文环境"（35％）。或许这也是民族感情的体现吧。选"东南大学的优秀设计师"的是最少的，这与前文中笔者论述的武夷风格成因中人的作用是不谋而合的。

第8题："您对目前武夷山地区建设仿武夷山庄、宋街等'一边倒'的现象怎么看"。此题选择"没什么好坏，一切顺其自然就行，凡事都有其自身从无到有、从粗到精的发展过程"的最多（35％）。其次是"这并不是个坏现象，整齐统一，对于建设'武夷山城市特色'有利"（30％）。只有24％的人选择了"是个危险的信号，千篇一律加上施工质量粗糙，令人担忧"。剩下的11％选择了"以上都是"，笔者认为这是不知情人群的选择，这充分说明百姓的地方保护意识，或者是群众意识还没有关心到这方面来。

表2.2第1题："宋街的建筑都是假古董"，选择"错误"的占68％之多。设想如果我们是武夷山人的话，也会有同样的选择。

第2~4题分别问对武夷山市区、度假区及风景区建设满意与否，答案与所预料的相差不多：市区、度假区皆是"不满意"多于"满意"，景区则相反。另外市区的选择答案里"错"（68％）要比"对"（32％）明显得多。度假区（"错"52％、"对"48％）和风景区（"错"41％、"对"59％）则不太明显。关于武夷山的城市建设，不能不说有诸多的遗憾，容后文详述。

第5~6题的目的很明显——那便是进一步了解武夷山人民的真实想法：武夷风格是属于外来文化还是本土文化，结果明显倾向于后者的人分别占76％和80％。百姓的想法只能做参考，却也不容忽视。

第7~8题其实是笔者的疑惑，并非一定要百姓相互比较。

由此可见，群众智慧是不可忽视的，风格是需要群众的认同才能真正名之为风格。换句话说，以前的"巴洛克风格""田园风格"等等都是经过长达数百年的酝酿及成长才能真正称其为"风格"。相对来说"武夷风格"从有人提出到现在才短短30多年，若不是学术界和武夷山老百姓都有此一说，称其为"风格"其实尚早。反言之，笔者并不关注武夷风格是否可以称之为"风格"，风格不过是本书研究内容的一个壳。

2. 官方及开发商与武夷风格的形成

武夷山风景区的建设到目前为止几乎都是官方控制和管理的。如前文所述，1980年2月成立福建武夷山管理局，统筹武夷山风景区的保护、管理、规划、建设工作。1984年，根据武夷山总体规划的要求，成立福建崇安武夷旅游开发公司，负责溪东旅游服务区的规划、开发、建设和经营。从此官方扮演了开发商的角色，很少有真正的开发商介入。所以，景区的规划和建设控制比较严格，并能够得到较完整的贯彻实施，但同时也给景区建设带来了一些负面效应，如资金难到位影响建设进度和质量，因集权致使个别素质较低的领导错误决策，公对公的后期经营致使不少单位常年亏损等。尤其1980年代杨廷宝、齐康、赖聚奎师生三代等人在开始前期调研、规划设计的时候所面临的以上困难非常突出，加上"文革"的极"左"思想还没有完全清除等重重困难，使得项目进展缓慢。但正是在这极端困难的情况下，设计师们连同当地有识之士不屈不挠地坚持真理，千方百计地化弊为利，如将地处大王峰下的武夷山管理局原办公楼成功改建成如今的幔亭山房等，才真正有了今天为大众所津津乐道的"武夷风格"。

在度假区则是另外一番景象，自1992年，国务院批准在溪东建立"武夷山国家旅游度假区"

表 2.2 武夷风格调查问卷之判断题

题号	判断题目	结果	选择人数	百分比	图示
1	宋街的建筑都是假古董	对	75	32%	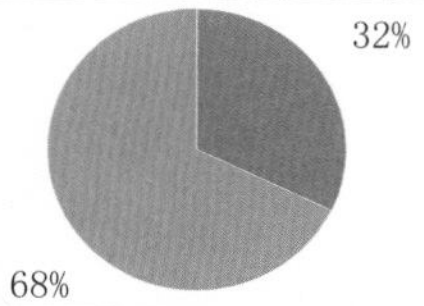
		错	163	68%	
2	您对目前武夷山市区的城市建设感到满意	对	77	32%	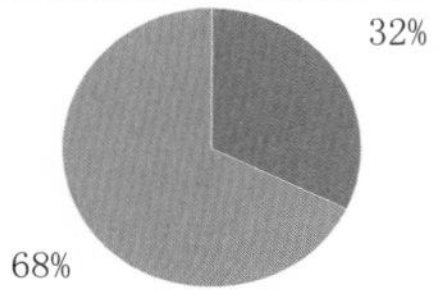
		错	161	68%	
3	您对目前度假区的建设感到满意	对	115	48%	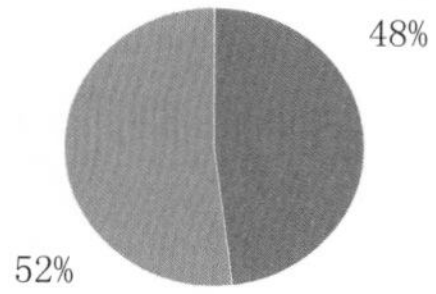
		错	123	52%	
4	您对目前风景区的建设感到满意	对	141	59%	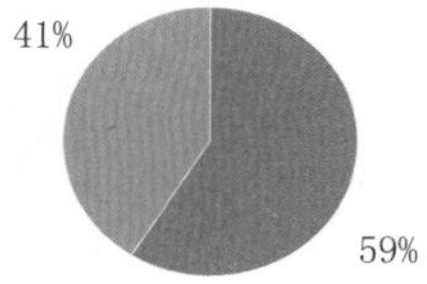
		错	97	41%	
5	武夷风格对于武夷山人民来说主要是外来文化的介入而形成的	对	58	24%	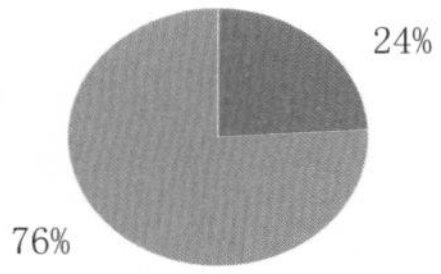
		错	180	76%	
6	武夷风格对于武夷山人民来说主要是本土文化的延承	对	190	80%	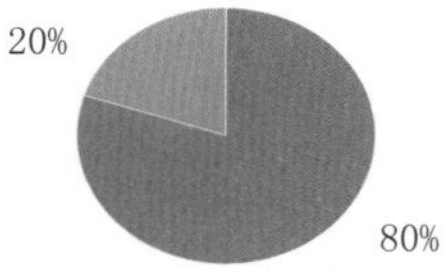
		错	48	20%	
7	新建的武夷风情商苑和原来的武夷山庄相比我更喜欢前者	对	128	54%	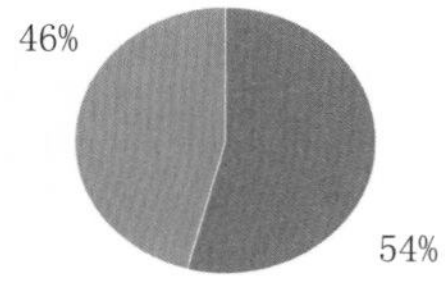
		错	110	46%	
8	九曲宾馆和武夷山庄相比我更喜欢后者	对	140	59%	
		错	98	41%	

开始，一切的运作都是靠开发商的介入盘活起来的。如1992年8月底，与香港东勋发展有限公司签订独资兴建高尔夫球场、征地1.32平方千米的协约；与香港维德集团签订兴建占地1平方千米的旅游度假别墅群的协约；与香港德辉有限公司签订建东方文化城的协约，投资总额达1.76亿美元等。

其实，度假区的存在本身就值得思考，许多知情人士很认同一个观点：武夷山度假区的功能无非是作为风景区的配套服务区而存在，但是度假区与风景区仅一河之隔，不仅对风景区造成严重的环境压力，也使得市区招到冷落，经济常年发展不起来。而市区到风景区仅14千米，把配套服务这块功能放到市区才是两全齐美的办法。现在的度假区及武夷大道沿途设计、施工质量较差的建筑占多数，形成大量"一边倒"的仿武夷风格。市区的建设同时受官方和开发商二者的影响，也充斥着大量仿武夷风格建筑。

3. 专业学者与武夷风格的形成

专业学者与武夷风格的联系是最直接的。对武夷风格影响最大的首推当时的南京工学院（现东南大学）的师生们，如杨廷宝、齐康、赖聚奎、陈宗钦、卜菁华、张宏等人；其次是福建省建筑设计研究院的杨子伸等人以及武夷山本地的设计师如陈建霖等。还有背后诸多的综合设计及施工人员，参加过天游观建设的吴锡庆先生便是其中一位杰出的代表。从更大范围来讲，还有天津大学的彭一刚、中国建筑技术研究院的傅熹年、同济大学及华侨大学的老师们都在武夷山留下了优秀的作品（表2.3）。

此外，笔者在武夷山专访了几位武夷山本地的设计施工人员，获益良多。接下来对其中两位分别介绍。

陈建霖，曾任武夷山景区管委会基建科科长。虽然陈老官职不大，但是武夷山风景名胜区的基础建设或是项目建设，需要经过他把关，当年曾与杨廷宝、齐康等人一起克服了各种困难，造就了当今的武夷风格。几乎所有武夷风格经典建筑的建设都有他的参与，恐怕没有第二个人比他更了解武夷山了。陈老几十年如一日地为百姓谋利，并努力保护武夷山的生态环境，因此陈老又多了一个"武夷山守绿人"的称号。陈建霖先生现已退休，开始了他更多的自由创作活动，但武夷山风景区的重大项目还要请他帮忙指点一二。

对于武夷风格而言，与其说陈老是官方代表不如说他是一位学者。笔者从他那里了解到许多文字背后的东西，如"武夷风格"一说的真正来源（前文有述）；关于度假区的来龙去脉；很多人（包括他自己）认为幔亭山房比武夷山庄更好是因为其乡土味更浓、更纯粹，文化气息更纯又少了些商业味等。虽然幔亭山房后来因经营不善以及位置、规模的限制而被外人淡忘，但没有影响它在历史上的重要性。另外，陈老还对"五宜五不宜"提出质疑，他举例说："宜低不宜高就有问题，建筑应根据特定的环境条件确定其空间和体量等等，该高的时候就是要高。"（令人不得不佩服其实事求是的科学态度和敏锐的洞察力。）更重要的是通过陈老我们可以感悟到彼时彼地的武夷风格比此时此地的武夷风格更加难能可贵。

表 2.3 武夷风格建筑设计人员名单

工程名称	单位名称	设计人员
武夷山庄一期工程	东南大学建筑研究所	齐康、赖聚奎、杨子伸、陈宗钦、蔡冠丽、何丹风、吴至尊、徐福全、赵燕
武夷山庄二期工程	东南大学建筑研究所	赖聚奎、杨子伸、齐康
武夷山庄三期工程	东南大学建筑研究所	杨子伸、齐康、陈煜
武夷山庄大王阁	福建省建筑设计研究院	杨子伸（其余不详）
彭祖屋	福建省建筑设计研究院	赖聚奎、杨子伸
玉女山庄	东南大学建筑研究所 深圳市蛇口工业区设计公司	周明（研究生，原方案构思）、齐康、段进、陈宗钦、张宏、吴迪（研究生）、王权（研究生）
九曲宾馆	东南大学建筑研究所 东南大学建筑设计研究院	齐康、张宏、陈继良
大王亭	东南大学建筑研究所	齐康
隐屏茶室	东南大学建筑学院	晏隆余
天游观	东南大学建筑研究所	杨廷宝、齐康、蔡冠丽、陈建霖
天游观小品	武夷山风景区管理委员会	陈建霖
妙高山庄	东南大学建筑设计研究院	杨德安
幔亭山房	东南大学建筑研究所	齐康、赖聚奎、杨子伸、陈建霖
天心亭	东南大学建筑研究所	齐康
碧丹酒家前广场石幢	东南大学建筑研究所	刘叙杰
碧丹酒家	东南大学建筑研究所	卜菁华（研究生）、杨廷宝、齐康、赖聚奎、杨子伸
宋街（风貌老街）	东南大学建筑研究所	齐康、赖聚奎、杨德安等
茶观	东南大学建筑研究所	陈宗钦
鱼唱	东南大学建筑研究所	陈宗钦
风味居	东南大学建筑研究所	陈宗钦
入口牌坊	东南大学建筑研究所	刘叙杰
临街入口	东南大学建筑设计研究院	杨德安
彭祖山房	东南大学建筑研究所	蔡冠丽
戏台广场建筑群	东南大学建筑研究所	赖聚奎
出口牌坊	东南大学建筑研究所	刘叙杰
武夷宫修复	东南大学建筑设计研究院	杨德安
中山堂修复 一曲码头牌坊	东南大学建筑研究所	温益进（研究生）、罗卿平（研究生）、郑炘（研究生）
武夷山风景区大门	天津大学建筑学院	彭一刚
福建闽越王城博物馆	中国建筑科学院建筑历史研究所	傅熹年、王力军
华彩山庄	福建省教育建筑设计院 天津大学建筑学院 华侨大学建筑学院	陈嘉骧、周春雨、方鸿、尹培如、林武
止止庵	同济大学建筑系	乔迅翔、路秉杰
武夷机场候机楼、联检楼、航站楼	原南京军区勘查设计院福州分院	林振坤等

另一位是吴锡庆先生，他是一位经验丰富又不断进取的本地老建筑师，也是武夷风格从无到有的专业见证人之一。在吴老的指点下，笔者来到赤石拍下了濒临消亡的古民居，吴老认为这是"重要的具有武夷特色的古民居之一"。同时笔者也发现了幔亭山房是当时投资最少见效最好的建筑。在访谈中，吴老对九曲宾馆、以前的九曲大桥以及拆掉的武夷宾馆等建筑，也提出了自己的见解。这些信息和观点都对笔者后来的研究产生了较大影响。

2.4 本章小结

武夷风格的成因是多方面的，自然、历史和社会是其中的主要因素，三个因素相辅相成、缺一不可。另外，历史和社会有交叉的地方，而自然环境也是不断变化的。因此，我们应辩证地看待武夷风格的成因。

第三章

武夷风格的典型实例

3.1 武夷风格探索阶段实例

　　1980年代初期的武夷风格，经历了一个艰辛的从无到有的实践摸索过程，从此阶段的建筑实例中可以看到许多民居的影子，也能透过实物看到许多原始的探索经历。如星村码头首次尝试木与石的结合；天游观等古建筑的再造也是建筑师与民间工匠的成功合作；大王亭是以洗练的手法生动地喻示了民间传说；碧丹酒家则使用山花作为正面装饰并取得意外的效果；幔亭山房是将一个小洋楼成功改造成具有乡土气息和人文气韵的休闲住宿场所。从它们的形态和空间，我们可以看到武夷风格逐渐走向成熟和完备的过程。

3.1.1 星村游船码头、大王亭、天游观

　　游船码头设在星村大桥下，由此乘竹筏经九曲，可观赏武夷风景，是游人必经之处。码头离一曲约5千米，是专家们所探索的最早期的武夷风格作品。在设计时考虑到山水入溪的水面涨和落，将码头底层与溪岸紧紧贴近，水涨时可以漫入，平时可作等候、纳凉、避雨、饮茶、观景用。此处水面开阔，新建筑群背依传统民居，并融入其中，在青山翠绿中显得大方淳朴。岸边的石筑竹筏、花架廊、花窗等均有地区建筑特点。星村中点缀着小桥流水的庭园，用以衬托码头建筑群，形成虚实对比、环境幽深的群落。码头建筑山墙自由拼接，变化中求统一，形成良好艺术效果，码头建成时曾获得海外人士的赞许。星村码头设计是武夷山庄建筑设计获得良好社会效应的前奏。此外，在这里首次尝试了木作与石作结合的做法（图4.29）。

　　进入景区有两座最引人注目的山峰，一是大王峰，二是玉女峰。民间传说大王与玉女为一对情人。山峰之间另一峰称为铁板峰，峰形古怪，插在其间。在登上大王峰的山腰处建一大王亭，设计时取意于民间故事。亭宽、高均为2.5米，四柱八字开插入亭座底部，上小下大，整个形态犹似草头的"大王"，是一种风趣、形象的象形描绘（图3.1）。这也是武夷风格建筑中唯一巧妙采用明喻手法的单体建筑。

　　雄踞山间的天游观，是景区最高的建筑（图3.2）。当时杨廷宝先生登山时勾画的两层茶室兼作休息，八间留宿的居室供画家、摄影家短期逗留之用。该建筑是民间"赤脚"建筑匠人与建筑师的合作作品。当年杨廷宝先生指点迷津，确立山巅宜用传统风格给游人一种恋古之幽情的指导原则在这里得以实现。

3.1.2 碧丹酒家

　　从南平进入景区，看到一组建筑群为碧丹酒家，即意味着来到了风景区。碧丹酒家为三层高的建筑，有趣的是设计师没有做传统的歇山处理，而改用正面山花，取得了奇特的艺术效果（图3.3）。两侧小餐厅手法新颖，用材地方化，其中一侧延伸至宋街，与周边街巷、山丘环境融合（图3.4）。建筑的各个细部均做了推敲。碧丹酒家设计是景区建筑的大胆尝试，现已被改为美术纪念馆。

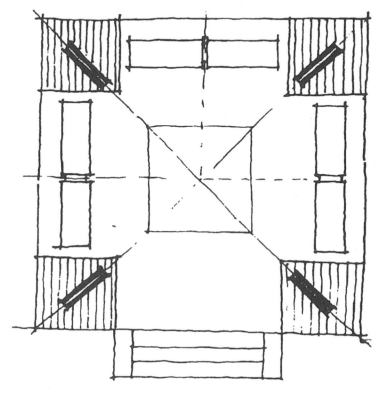

图 3.1 大王亭 资料来源：齐康.齐康建筑设计作品系列 7：
武夷风采 [M].沈阳：辽宁科学技术出版社，2002

图 3.2 天游观

图 3.3 （原）碧丹酒家入口

图 3.4 （原）碧丹酒家沿宋街部分

3.1.3 幔亭山房

1981年，武夷山管理局为适应旅游业的发展，拟建一幢中高档小型宾馆。南京工学院（现东南大学）建筑研究所本着节约资金及"五宜五不宜"的设计原则，利用原有两座二层砖木结构的小洋房进行改造设计。原建筑是1960年代建的，平面呈四方形，面积约400平方米，内廊式布局覆以洋瓦，中间楼梯是敞开型，这类"废之可惜，用之败味"的建筑物，如能加以再设计，不但可以改观风景环境面貌，同时还能提高使用价值。

改建时做成两内院，一为水池，另一为草坪（图3.5）。廊檐下用竹编，院里安置了自然山石，仰天可望幔亭峰（图3.9），俯视可见宁静的宅院。改建后的西座宅居院落，曾吸引许多名人墨客在此居住。室内采用竹木装修，如衣架等采用山上枯枝，别有一番野趣。总建筑面积1 200平方米。一号山房1982年4月动工，6月完工；二号山房1983年4月动工，6月完工，同年年底投入使用，土建投资总计人民币28万元，加内部装潢等总计71.2万元。此后又陆续投资兴建了餐厅、酒吧、办公楼、接待楼、职工宿舍等附属建筑。1986年共计投资人民币177.62万元，占地面积3 550.45平方米，建筑面积4 751.85平方米。幔亭山房是武夷山风景区最早的旅游宾馆，它与武夷山庄几乎同时被启用，致使许多人分不清幔亭山房和武夷山庄。

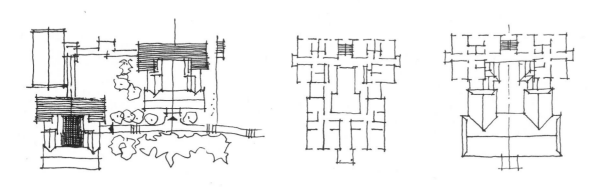

图 3.5 幔亭山房构思草图及平面

资料来源：齐康 . 齐康建筑设计作品系列 7：武夷风采 [M]. 沈阳：辽宁科学技术出版社，2002

据赖聚奎教授的论述，对幔亭山房的再设计包括三个方面的内容[1]：

（1）建筑功能改造：不更动墙体结构的前提下，增设卫生间；在不影响四周树木的用地范围内，添建了190平方米的平房，组成四合院式的平面布局，利用连廊和院墙以绿化庭院为核心构成三个外部空间（图3.5～图3.7）。由于建筑面积少，改革一般设服务台登记接客方式，采用服务人员在门廊迎宾办法，既提高建筑面积的使用率，又使旅客倍感亲切，呈现出乡舍风味。

1 赖聚奎 . 武夷山风景名胜区建筑实践一例 [J]. 建筑学报，1983（9）：70

图 3.6 幔亭山房连廊 1   图 3.7 幔亭山房连廊 2

图 3.8 幔亭山房建筑外部造型

（2）建筑外部造型：为改变原建筑单调的形象，结合木楼层改为钢筋混凝土楼面时，挑出过道楼板，废除二层南向两根粗笨砖柱，吸取闽北山区吊柱挑廊形式，与添建平房形成统一风格（图3.8）；入口抱厦双柱，则运用福建地方特殊手法，下石上木柱体，刻凿楹联，红瓦、白墙、暗红墙裙，木材部漆以清油，保持木质纹理，力求形成兼具乡土风味和时代气息的风格，给人以古拙、纯朴、清新感（图4.24）。

（3）内部环境氛围：为使建筑内外空间环境协调一致，装修材料均选用竹、木、石地方材料。天花和墙体饰面用当地产的热压成型的竹编板，地面为鹅卵石水磨石；灯具用毛竹筒，家具则运用自然原木弯曲节枝造型，粗犷别致，使其产生以山野情趣为主调的内部环境气氛。

图 3.9 幔亭山房内院　　　　　　　　　图 3.10 幔亭山房小门

幔亭山房整个建筑朴素典雅，与自然景观融为一体，掩映在绿树丛中（图3.9、图3.10）。通往山房的路径以大小河卵石堆砌；院门以武夷古藤条编就；大鹅卵石镂空的路灯、仿竹石凳设置在石径两旁，建筑局部野趣天成。内部装潢独具匠心，整块樟木镌刻的著名书法家潘主兰先生篆体牌匾，高雅古朴；回廊过道以各色卵石水磨成的地面，让人似漫步溪滩，充满自然情趣；竹编的内壁、天花板，有浓郁的乡土气息；庭院的草坪、古树、蔓藤增加了山野村居的气氛；杂木棍弯曲节枝自然造型的床、几、桌、椅等用具，竹灯罩、鹅卵石烟缸，粗犷而别致，仿佛置身童话世界，令人耳目一新。幔亭山房得到了在此下榻的李先念先生的高度评价。1991年5月，著名美学理论家王朝闻先生在考察山房后，也给予高度评价："幔亭峰接幔亭宴，缩短了天上人间距离；幔亭峰幔亭山房，体现了中国传统的审美原则。"

幔亭山房风景区内旧房的成功再设计，使我们深切体会到建筑再设计对提高我国风景区建设质量、使用价值和经济效益是有现实意义的。它规模小、工期短、见效快、管理易。虽然投资较少，档次不高，但使用者体验良好，特别是国外和我国港澳游人，对其建筑内外环境的"乡土味"产生了极大兴趣。现在，再来解释调查问卷中喜欢幔亭山房比武夷山庄多便不是难事了。幔亭山房的建设成功为武夷风格的形成奠定了一定的基础。

3.2 武夷风格形成阶段实例

武夷山庄和宋街是前一阶段诸多经验和思想理念的集大成者，至今还在不断发展完善。武夷山庄的大王阁和宋街的武夷宫在2005年投入使用，武夷山庄是武夷风格名扬海外的直接代表，1980年代中后期，山庄的建成是武夷风格形成的标志。

3.2.1 武夷山庄

武夷山庄位于幔亭峰下，崇阳溪畔，武夷宫右侧山坡上。1982年由福建省中旅投资修建，1984年2月，拥有65间客房150个床位的第一期工程竣工，正式对外营业。1992年年底，二期扩建工程投入使用，合计客房140间280个床位，占地面积36 000平方米，设有酒吧、舞厅、卡拉OK厅、棋牌室、桌球室、电子游艺室、按摩针灸室、美容厅、大小餐厅以及宴会厅、商场等各种游乐设施。现在由建筑师杨子伸设计的第三期工程也已竣工。该山庄是武夷山第一家准五星级旅游饭店，由东南大学和福建省建筑设计院联合设计，山庄在扩大规模、提高档次、不断完善设施的同时，牢牢把握环境设计这一重要环节，追求与自然和谐。为此，齐康教授实地踏勘，几经探索，提出"适当增加建筑层数、降低建筑密度、丰富建筑景观"的论点。根据这一论点，武夷山庄建筑群依山就势，形成一些高低错落、局部造型挺拔的建筑群（图3.11）。武夷山庄将地区化的传统建筑与现代化设施和自然山水融为一体，多次获国家级殊奖。1985年获全国优秀建筑设计金质奖；1989年被

图 3.11 武夷山庄错落布局

评为"全国80年代优秀艺术建筑作品"；1992年武夷山庄荣获"福建十佳建筑"称号，1995年11月又被评为"20世纪世界建筑精品"。

　　武夷山庄是风格鲜明、环境优美、功能完善又具有观光价值的景点建筑[2]（图3.12~图3.21）。山庄依坡地而建，向南平行布置。建筑物、自然环境、地形、地貌有机组合，将更多的自然风景引入建筑群体之中。前后错落有致，游廊与水体交相辉映，形成恬静幽雅的环境。山庄充分利用地形，错层组合布局，回廊过渡空间相接，有部分置于半地下成为餐厅，形成有显有隐、有曲有直的空间序列，虽几经修建，却先后衔接得天衣无缝，成为一组情景交融丰富的建筑群落。群体外观运用舒展的飞檐，层叠屋瓦、白色墙面，既有质朴的地方民居感，又有明快清晰的现代气息。它飘逸自由，富于变化，明快自如，不落俗套。用循环水在半地下餐厅的顶部形成水面，餐厅顶外形成瀑布，游人置身其间，外观水帘，朦胧而富有诗意。诗画建筑交相融合，营造出淡泊、安逸的休闲氛围。既是回归自然，又是人造仙境，表现了山村野趣。餐厅内的幔亭宴以优美动人的神话传说，使就餐者赏心悦目。当然也有人提出些疑问，如南平市建筑设计研究院的颜文清提出：山庄的前庭设计"沿着边缘的空间展开过于短暂，门廊前的空坪铺地过于暴露和平乏"[3]。

2　齐康.齐康建筑设计作品系列7：武夷风采 [M].沈阳：辽宁科学技术出版社，2002：12

3　颜文清.风景名胜区旅馆建筑环境设计 [J].福建建筑，2004（5）：32

图 3.12 武夷山庄室内

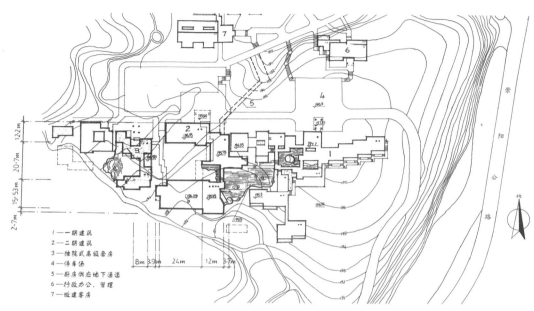

图 3.13 武夷山庄总平面 资料来源:
齐康.齐康建筑设计作品系列 7: 武
夷风采 [M]. 沈阳: 辽宁科学技术出
版社，2002

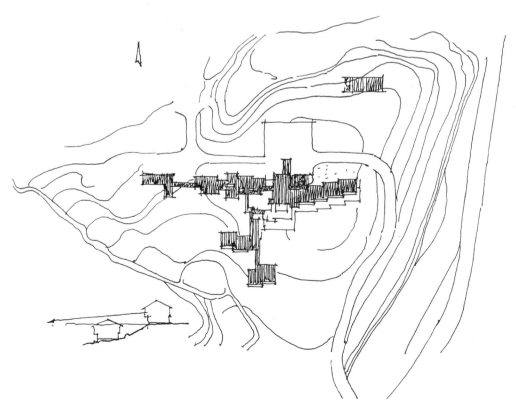

图 3.14 武夷山庄总平面构思草图 资
料来源: 齐康.齐康建筑设计作品系
列 7: 武夷风采 [M]. 沈阳: 辽宁科
学技术出版社，2002

图 3.15　武夷山庄水帘餐厅

图 3.16　武夷山庄内庭院

图 3.17　武夷山庄屋顶组合　资料来源：齐康.齐康建筑设计作品系列 7：武夷风采 [M]. 沈阳：辽宁科学技术出版社，2002

图 3.18 武夷山庄游廊

图 3.19 武夷山庄二期客房

图 3.20 武夷山庄原木家具

图 3.21 武夷山庄楼梯细部

4 杨子伸，赖聚奎.返朴归真 蹊辟新径——武夷山庄建筑创作回顾[J].建筑学报，1985（1）：16

杨子伸、赖聚奎教授把武夷山庄的设计总结为以下几点：

融汇环境，寻根探路；意在笔先，蹊辟新径；

高低错落，山村特色；叠瓦穿檐，民居传统；

奥曲敞透，相得益彰；形神兼备，情景交融；

竹木砖石，室内增辉；主题装修，托物寄情；

家具陈设，深化意境；服装仪容，烘托气氛。4

探求情感、诗意，是环境设计中设计者新地方主义哲学理念的凝聚，也是风格的最高形式——感情的风格。具体手法是充分以木、石、竹、麻等为素材，加上现代建筑的手法。室内墙壁上的木雕，手编麻织工艺品、多姿多彩的竹艺吊灯等朴实简易的装饰展现了当地民俗风情、艺术风格的魅力，折射出创作者艺术思维的创意和整体把握的艺术技巧，是空间情感的设计。赖聚奎教授的努力和创新获得观者的好评。总之，这是一种经过建筑师们吸取地方建筑风格、独具魅力的再创造，是一幅幅空间艺术的画卷。齐康教授后来回忆起当年大家齐心协力、共同营建武夷山庄时感叹道："辟蹊径兮路长，深邃思索兮久远。"[5]

5 齐康.齐康建筑设计作品系列7：武夷风采[M].沈阳：辽宁科学技术出版社，2002：12

3.2.2 风貌老街（宋街）

风貌老街原名宫街、古街，后改名宋街。位于九曲溪与崇阳溪交汇处的大王峰下武夷宫。1980年3月，南京工学院（现东南大学）与福建省建筑设计院合作完成了武夷宫景区详细规划后，前后建设已历经十几年时间，仍在不断完善中，现已成为武夷山风景建设的一个窗口。

宋街是完全用武夷风格建设的一条商业旅游街，其内容有古戏台、古玩店、画室、茶观、商店、餐饮、小旅店等。宋街在设计时是整条街一起做的，保证了风格的统一性，实施时，既注重

图 3.22 宋街入口门楼

图 3.23 宋街出口牌坊

图 3.24 宋街街景

图 3.25 宋街与大王峰

"街"的界面，又注重功能使用的要求，形成集游玩、休闲、观赏、住宿、购物为一体的建筑群，展现了它自身的魅力和地方建筑文化（图3.22~图3.25）。

宋街由20多栋单体建筑构成，平面内外空间融为一体，整个古街为南北走向，尽端正对大王峰（图3.25）。街北端终点为武夷宫，现已改为朱熹纪念馆（图4.3），是了解朱子文化的重要参考。南端的综合楼为武夷山博物馆，是了解武夷文化的开端与发展的重要场所。街西畔的"武夷茶观"是了解中国茶文化，特别是武夷茶文化的一个窗口。设于茶观旁的兰亭学院（三清殿内）原为国际友人了解和学习中国文化的场地，现已改为柳永纪念馆。沿街东侧的各单体建筑有仙姿馆、百家欢、乡土寨、桂香村、岩顶香、五铢钱庄、六六峰、升真驿、聚会风云、月满空山、彩月轩、永乐观；西侧还有水榭、翠烟小肆、飞云楼。从南面进入古街有牌楼，上书"飞云楼"。北端武夷宫旁建有网球场。宋街整体建筑占地面积1.6万平方米，投资总额1 400万元，是武夷山风景区内最大的综合性建筑群体。

3.3 武夷风格发展阶段实例

相对1980年代的武夷风格而言，1990年代的武夷风格选址已经不限于景区范围，在度假区、市区以及武夷大道沿线处处可见武夷风格的符号特征。在延续其思想精髓的前提下，武夷风格的表现手法更加灵活多样，如玉女山庄将代表福建民居特色的土楼形式加以提炼并灵活运用；九曲宾馆通过富有表现力地运用原址古城砖以及创造性地使用一种绿色混凝土，使原"止叙寮""冲佑观"的历史文脉得以升华并与周边环境相协调。而景区大门、华彩山庄等运用现代手法直接呼应武夷山生动的山水气蕴则是武夷风格精神内涵的延续，是设计手法的突破。武夷风情商苑是赖聚奎教授的又一力作。止止庵是全木构的古建筑再造，其对场所精神及细部构造等都有充分细致的考究。

3.3.1 玉女山庄

6 齐康. 齐康建筑设计作品系列7：武夷风采[M]. 沈阳：辽宁科学技术出版社，2002：12

虽然玉女山庄是1988年动工建设的，但其几经波折，到1990年代才正式被投入运营，更重要的是玉女山庄的设计手法及立意有别于1980年代的武夷风格建筑，故列入1990年代之列。玉女山庄是托名玉女峰之名而在崇阳溪的旅游度假区兴建的涉外宾馆，后更名为玉女大酒店，方案的构思源于闽南客家住宅土楼的特色，其造型给人一种似曾相识的感觉，山庄门楼正面框架通透，线条简洁，源于民间建筑风格，又有创新，是新乡土建筑的一种创造[6]（图3.31）。客房主体为三层环形结构，前后高低错落，有显有隐，最大限度地保持了原地形特征。山庄坐落于小山坡之巅，立面构图利用木栅的组合，给人一种既传统又有创新感。部分有大坡屋面，蓝色琉璃瓦延长了的飞檐，以及木构架的阳台，使圆形体的建筑富有变化。内庭是圆形空间，庭院出口处正对挺拔秀丽的三菇石，其中的旋转楼梯、假山、流水别有情趣（图3.26~图3.32）。

玉女山庄借助于民居的原型又运用现代建筑的手法，从土楼的样式中脱颖而出——这是对武夷风格设计范围的拓展。其外形独具特色，功能设施齐备，成为度假区著名的旅馆建筑，在东南亚和国内颇负盛名。据业内人士透露，东南大学（原南京工学院）曾做了精心的室内研究和设计，

"梦幻般的设想，玉女嬉水后奔跑留下的脚印……"[7]但后来因种种人为因素，实施时却变成了"欧式"风格，实属遗憾。

7 齐康.齐康建筑设计作品系列7：武夷风采[M].沈阳：辽宁科学技术出版社，2002：12

图3.26 玉女山庄总体景观　资料来源：齐康.齐康建筑设计作品系列7：武夷风采[M].沈阳：辽宁科学技术出版社，2002

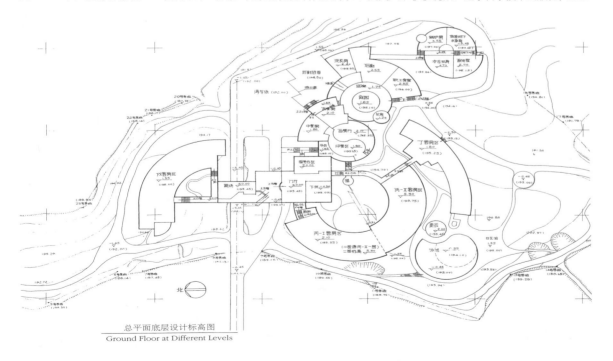

总平面底层设计标高图
Ground Floor at Different Levels

图3.27 玉女山庄总平面　资料来源：齐康.齐康建筑设计作品系列7：武夷风采[M].沈阳：辽宁科学技术出版社，2002

图 3.28 玉女山庄庭院 1

图 3.29 玉女山庄庭院 2

图 3.30 玉女山庄　走廊透视

图 3.31 玉女山庄主入口透视

图 3.32 玉女山庄庭院（以三菇石为对景）

资料来源：齐康．齐康建筑设计作品系列 7：武夷风采 [M]．沈阳：辽宁科学技术出版社，2002

3.3.2 九曲宾馆

位于九曲溪中心地段，是武夷山景区精华部分。原为福州军区后勤部192医院（疗养院），1981年医院搬迁，在原址重建后成为九曲宾馆。1990年，为了适应国内外朱子学研究的需要，突出"武夷精舍"的历史价值。武夷山风景区管委会委托东南大学建筑研究所规划设计，1991年完成第一期"止宿寮"工程的改造方案，1991年12月破土动工，1993年8月竣工投入使用。

九曲宾馆的设计针对基地自然和人文特色，一方面，延续该景区的人文传统和人文精神；另一方面，在与自然景观的关系上，让九曲宾馆融于自然之中，体现该地段风景的特征。

九曲宾馆为两层，以三个庭院为中心水平拼接组合而成（图3.33），水平向的空间序列与背景竖直高耸的自然空间序列互相映衬，避免了节奏上的重复。为了在自然序列中提示出宾馆入口的位置，在入口处设计了一个标志性的塔楼（图3.34），形成了从自然景观到建筑空间的转换。为完成自然视景序列向建筑空间序列的过渡，宾馆的入口采用了回旋的引道，形成自然视景渐弱、建筑感渐强的视觉和序列过渡，同时又解决了宾馆入口与景区道路的高差问题[8]。

8 张宏. 风景建筑中的自然与人文环境意识观——武夷山九曲宾馆设计 [J]. 华中建筑，1997（3）：36

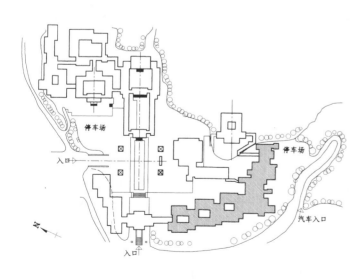

图 3.33 九曲宾馆构思草图

资料来源：齐康. 齐康建筑设计作品系列 7：武夷风采 [M]. 沈阳：辽宁科学技术出版社，2002

图 3.34 九曲宾馆标志性塔楼

九曲宾馆设计灵活多样地体现了"五宜五不宜"的环境意识观，对于建筑形体及空间形式的处理，运用合适的比例尺度来协调建筑与环境、建筑与人的关系，具体手法如下：

（1）建筑的体块划分与空间组织

九曲宾馆客房围绕三个内庭院布置（图3.37），入口、大堂、餐饮娱乐、商场等公共空间设置在东段，宾馆各体块错落有致、依山就势，立面划分细致，体现小比例尺度的建筑感，与所处自然环境小山体的尺度相互协调，建筑融于风景之中。

（2）材料肌理与造型特征

客房基座至一层窗台选用当地的暗红色毛石垒砌，这种乡土做法与所处山体肌理一致；宾馆公共部分用暗红色毛石加工后拼砌成凹凸不平的不规则肌理，同样呼应所处自然环境；客房部分一层窗间墙体选用拆下来的旧古城砖，进行有规则的变化拼砌，颇有艺术表现力和人文特征，充分展示了特种材料的性质，并物尽其用。其余外墙用白色拉毛粉面，光影下质感很强，同时又很自然化；外墙还用杉木薄板进行仿木构架装饰，这种局部肌理的变化及色彩处理使该建筑与自然环境产生适度的差异，呼应了地方建筑传统（图3.35、图3.36）。为了强化与自然景观和肌理的关系，九曲宾馆的斜坡屋顶设计放弃了沿用至今的当地暗红色蝶型片瓦的习惯做法，大胆地应用了天然材料（图4.30）。

（3）保持原有建筑规模和基地现状

保留场地北面的树木和南面的竹林，使建成后的宾馆掩映在绿丛中，增加了建筑和景观的层次感，同时树木也起到了协调建筑与自然景观之间尺度的作用，形成了良好的视觉感受。

九曲宾馆整体设计的含义包括两个方面：第一，建筑与自然和人文环境保持一致，建筑的内外是一个整体，室内设计是这个整体的一部分；第二，作为室内空间的各个界面在形式、材料和设计效果上要形成整体感，避免界面关系割裂和拼装凑合现象，即根据不同使用空间的性质和空间特征，分别进行构思，创造各具特色的、有一定内在关联的、统一的整体空间气氛。

九曲宾馆的设计大量应用了地方材料，采用当地的砌筑方法，发挥了当地匠人的建造工艺，不但使这座建筑更具地方特色，而且大大降低了造价。九曲宾馆的设计尝试了一条植根于地方性的、物质与技术工艺的风景建筑创作道路[9]，取得了良好的社会效益、环境效益和经济效益，1993年建成开业以来，得到社会各界好评。

9 张宏. 风景建筑中的自然与人文环境意识观——武夷山九曲宾馆设计[J]. 华中建筑，1997（3）：36

图 3.35 九曲宾馆 1

图 3.36 九曲宾馆 2

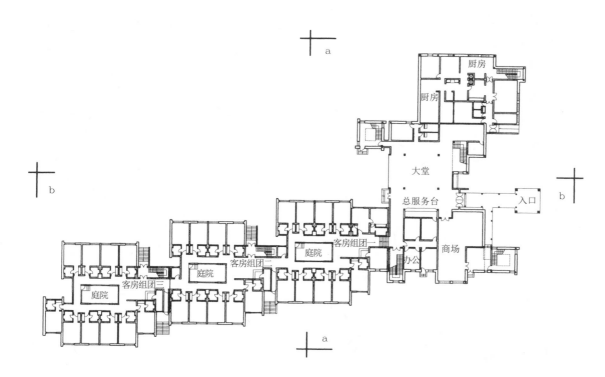

图 3.37 九曲宾馆构思草图　资料来源：齐康.齐康建筑设计作品系列 7：武夷风采 [M].沈阳：辽宁科学技术出版社，2002

3.3.3 武夷风情商苑

　　该建设项目位于武夷山国家旅游度假区玉女大酒店西侧中心地段，该地段为综合商业用地，总占地面积28 726.81平方米，建筑占地10 648平方米，总建筑面积24 202平方米，建筑密度36.7％，容积率0.84，绿化率37.1％。于2005年开盘，目前还在正常运营。

　　建筑风格传承武夷悠久历史文脉，引入回廊式设计，采用开放式主题园林布局，上下16部电梯直通，南北有空中连廊相接，以不同形态的水院、绿岛、花园、演唱台，配合亭榭、回廊、小桥、水车，使商场宛如一处风光秀丽的旅游景点，是一处集购物、休闲、娱乐、餐饮于一体的大型商业广场（图3.38~图3.43）。

　　武夷风情商苑采用不同于传统"店连宅"的经营模式，而是采用"立体店"模式，寓购于游，游中促购，提升商业价值和品质。商苑是赖聚奎教授的作品，也是将武夷风格应用于商业建筑的首次尝试。

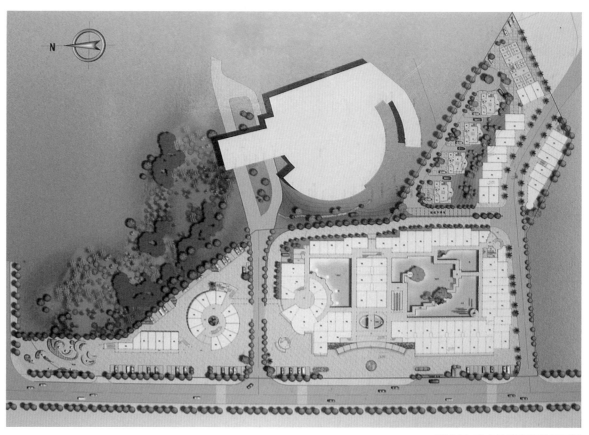

图 3.38 武夷风情商苑首层平面

图 3.39 武夷风情商苑 1
资料来源：商苑楼盘销售中心

图 3.40 武夷风情商苑 2

图 3.41 武夷风情商苑 3

图 3.42 武夷风情商苑模型整体鸟瞰 资料来源：商苑楼盘销售中心

图 3.43 武夷风情商苑模型局部鸟瞰 资料来源：商苑楼盘销售中心

3.3.4 华彩山庄、武夷山国际机场

1. 华彩山庄

华彩山庄是武夷风格对传统山水意向抽象画运用的首次尝试，方案以走创新之路，取意山水、民居而不拘于形的原则，大胆尝试。遗憾的是后来其原有景观意象被周边建筑破坏，但仍不失为武夷风格中的传神之作。

华彩山庄在平面布置上尊重山地的自然地形，以不同的标高位置确定主体的关系，排出沿坡地升起的三段直线；将大堂独立抽出落到坡地下广场上，成为游离出主体的"点"。这种顺应地形的处理手法，既加强了入口导向，又将大体量化整为零，并回应了景观的要求，使沿坡地升起的建筑与背景一起形成一个活跃的构图（图3.44）。

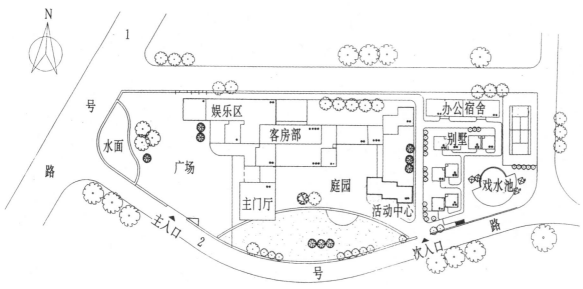

图 3.44 华彩山庄总平面　资料来源：陈嘉骧，周春雨.武夷写意——华彩山庄方案构思 [J].建筑学报，2000（4）：42

造型设计利用山坡起伏，描写武夷山雄奇瑰丽与自由舒展相统一的意趣。用诚挚的态度率性表达在山水审美意境中所获得的喜悦与赞叹。建筑群体在竖向上分为三段处理，基座部分形式厚重简单，选用深色石材以表现建筑与山地交接的生长感，意写武夷雄浑之势；中部墙身层层后退且渐次升起，形式由重而轻，材质由粗而细，色彩由深而浅，作为凝重的基座与轻灵的顶架之间的过渡；顶部不同标高上飞落着弧形的金属构架，灵动飘逸，贯地通天，远处"观势"，表现武夷群峰逶迤的山水意向，近处"察形"，师法闽西、闽北山墙起伏的民居意蕴[10]（图3.45）。

华彩山庄建成后得到各界好评，并获"福建省90年代双十佳建筑"奖。

10 陈嘉骧，周春雨.武夷写意——华彩山庄方案构思 [J].建筑学报，2000（4）：42

图3.45 华彩山庄透视　资料来源：陈嘉骧，周春雨.武夷写意——华彩山庄方案构思 [J].建筑学报，2000（4）：42

2. 武夷山国际机场候机楼、联检楼、航站楼

　　武夷山机场候机楼、联检楼、航站楼是武夷风格抽象化手法的再次尝试，于1992年由武夷山机场建设指挥部组织国内部分甲级设计院呈送方案，1992年10月开工，在1993年11月8 日正式启用。

　　武夷山国际机场候机楼、联检楼、航站楼等设计的主要特色是：平立面设计结合特定的功能、工艺及形象特征的要求，如武夷山的山峰以奇特而闻名，它的抽象雏形即为三角形，所以平面及其外形均以之为基调[11]（图3.46）。

<aside>11　林振坤.武夷山机场候机楼、联检楼、航站楼设计 [J].建筑学报，1996（2）：30</aside>

　　作为主体三角形的两面坡三角形，外墙东西面采取了铝合金全框镜面玻璃。其用意为了隐去梁和柱，使外形更加简洁生动，还能将周围的景色反映到三角形中，使其与自然环境更加融合。从联检楼到航站楼3个三角形的建筑造型和武夷山的三仰峰交相辉映，展现出一幅完整、美丽的景观画面。

3.3.5 止止庵

　　止止庵传说是皇太姥、张湛及鱼道超、鱼道远的修炼之所。尔后，又有晋代的娄师钟、唐代的薛邴在此修道。宋代李陶真、李铁留、李磨镜接踵居此，名之"止止庵"。南宋嘉定九年（1216年），名士詹琰夫出资重建止止庵，并延请著名道士白玉蟾住持。由于环境绝佳，又有高士驻足，因此风流相继，屡有道众居此。后人还在观后建祠，祭祀被封为紫清真人的先辈道士白玉蟾。

图 3.46 武夷山国际机场透视

原设计者为同济大学建筑系的乔迅翔、路秉杰。他们在《名山建筑重建设计——武夷山止止庵的设计思考》文中对该项目做了详细的介绍，其主要内容如下：

（1）通过对基址的分析评价，确立中心轴线交错，左右散点布置的原则。

（2）通过对混凝土及砖混结构利弊的权衡，确定选用传统木结构；尺度上按"五宜五不宜"的原则，确定把四重檐五开间的玉皇阁正脊高控制在标高最低的极限——18米内，其夹层与二层外廊以人的尺度来确定其高。观音阁的高限在12.5米内。整个建筑群以玉皇阁的尺度最大，绝对高度处于最高，起到构图中心的作用；样式上考虑到宗教建筑的乡土化，也反映出它的世俗化（图3.47）。

（3）通过对古建筑的"重建"，说明重建中的创造是必然的。

止止庵是1990年代的武夷风格建筑中古建筑重建项目的代表之一，比1980年代的天游观更强调科学性和学术性，同样是与民间建筑师合作，却造就不同风格的空间格局和形态特征（图3.47~图3.49）。

图 3.47 止止庵 1

图 3.48 止止庵入口

图 3.49 止止庵 2

3.4 本章小结

本章将武夷风格的典型作品一一列举，是为了建立一个关于它的综合概念，让人们认识它的本质和精髓，这精髓主要反映在它的极盛时期；同时结合武夷风格从无到有再到发展的成长各阶段，说明其发展过程。

武夷风格在短短20多年取得了丰硕的成果，同时也有诸多的不足和缺憾。如度假区环境的恶化，加上民间盲目追随，取其形而未得其神，更大面积的"仿武夷风格"充斥着风景区以外的区域，华彩山庄、玉女山庄等失去了当年的风采。景区建筑也因经营不善，导致幔亭山房、九曲宾馆等倒闭落魄，让人心寒；碧丹酒家、彭祖山房等也部分被用于艺术家的个人美术展览馆，实属无奈。当然这不仅是我们建筑界的问题，更多地应归根于武夷山地区经济、社会的问题。

但是，根据前文中关于风格的哲学思辨，我们对风格的评价应站在一定高度上观察，即在进化的意义上。武夷风格对于建筑界来说，是当年学术界在"文革"极"左"思潮下的一朵报春花。也是1979年以后对国际建筑界的新理念、新思想的率先尝试，如新乡土建筑、地域建筑等，并取得成功。同时我们也应该看到，此时此地的武夷风格非彼时彼地的武夷风格，当年的武夷风格从起步到发展成熟每一步都异常艰辛。

武夷风格在思想理念及形态特征上是一个相对稳定的系统，同时也是相对开放的系统，它将传统和现代、地方性和全球性很好地融合起来，不断发展优化。其历史价值是它所含的新生素质，这是创造新事物的潜力。因此，形式上不完美的或者不完整的武夷风格，由于具有创造新事物的潜力，价值上更利于进化。

第四章

武夷风格的特征

武夷风格的特征有很多方面，如设计手法、设计理念、空间意境等。但任何风格都不能离开其特定的历史背景、社会环境等诸多限制因素，所谓"风格"不过是更大风格系统里共性中的个性。

本章按照总体风格特征—单体风格特征—细部风格特征这一序列，对其中具有代表性的方面加以分析。

4.1 总体风格特征——环境着手、整体设计

4.1.1 选址、立意及布局

武夷风格建筑从选址到布局，多从环境着手，追求浓郁地方特色的"乡土气息"——宜土不宜洋。立意的出发点建立在必然性、必要性和可能性的基础上，同时要求规划设计者付出百折不挠的匠心。

1980年春，福建省人民政府决定将武夷山开辟为风景游览区。在国家建委城建总局的关怀和各级领导的重视与支持下，同年11月在武夷山召开有省内外园林、建筑等专家学者以及有关同志参加的"武夷山风景区总体规划座谈会"，对武夷山风景区规划、建设提出了"综合规划、全面保护、稳步开发"的总原则。

1. 以保护生态环境为主的选址原则和整体设计的立意趋向

（1）风景区规划原则

第一条：武夷山规划应以大自然真山、真水为主景，充分利用九曲溪以及两岸山峰、岩洞，建筑物作为陪衬。

第二条：保护古树名木，搞好封山育林和造林绿化，重点绿化景观、公路和游览小路，逐步提高风景观赏价值。保护好文物古迹，根据武夷山历史，结合旅游的开展，有计划、有重点修复一些有价值并与自然相协调的古建筑。

第三条：开展旅游事业，必须具备交通、通讯和住宿服务设施等条件，在近期内除完善现有对外交通外，还要开辟航班，解决国际通讯，在规划指定范围内建设一批宾馆等服务设施，以满足旅游业发展的需要。为旅游服务的大型公建应放到风景区外围，与景区保持适当距离，与风景区游览无关的一切建筑，一律不得在风景区内建设。

第四条：风景建筑设计要体现地方风格，风景建筑、服务设施是游览线上观赏的停留点，其本身又是被观赏的风景点，是风景艺术品，故建筑物既要满足现代化功能要求，又要体现出传统风格，保持朴实素雅的地方特色。

第五条：搞好风景区建设，要与有计划地建设崇安县城、星村镇、和崇阳溪东旅游村结合起来，要解决好风景区开发建设与景区内农民利益的关系，把发展旅游事业的利益和社员群众的利益结合起来，使风景区内的社员群众成为武夷山的建设者、旅游业的服务者和主人翁[1]。

1 武夷山风景区总体规划大纲[J].建筑学报，1983（9）：11-14

（2）风景区的保护与规划设想

"保护，保护，再保护"，是40多名全国园林专家学者的紧急呼吁。专家们认为，保护武夷山丰富的风景资源，保护与建设相比，保护是第一位，是实施总体规划的前提，要保护好武夷山的地形、地貌、山石、水体、岩洞、泉瀑和稀有动物、古树名木等自然景物，使自然景色免遭破坏，水体不受污染，永葆自然特色。规划对风景区实行分级保护办法，九曲两岸景物是保护的核心，列为绝对保护范围；溪南景区、山北景区和崇阳溪东备用地列为二级保护范围；九曲溪上游流域和风景区外围腹地列为三级保护地带。

有森林繁茂，才有山清水秀，景区内要切实搞好封山育林，禁止开山炸石、毁林造茶园。目前，景区内茶叶多数是长势差、产量低，应加强管理，逐步提高单产量。

武夷山风景区建设的重点是绿化建设。在整个建设中，第一是绿化，第二是绿化，第三还是绿化。各景区的建设，应根据总体规划原则，做出详细规划方案，分期修建。近期拟重点整修武夷宫景区，修建武夷宫，改造中山堂，作为武夷山展览馆和博物馆，适当增添小型服务设施，本景区不应再增加旅游宾馆，避免城市化[2]。

2 武夷山风景区总体规划大纲[J]. 建筑学报，1983（9）：11-14

紫阳书院是宋代理学家朱熹讲学的地方，1973年主体建筑被拆除，仅留下两侧厢房，考虑到朱熹与武夷山历史关系密切，拟重点恢复。原为192医院营房，建筑密集，近期应利用现有建筑，稍加装修，改为临时宾馆，不许扩大或新建，改造时应逐步减少建筑物。

由此可见，从武夷山规划之初，政府就相当重视对生态环境的保护。往往是把保护和绿化放在第一位并且反复强调。规划设计者在这方面也是严格控制建筑物的数量和建筑密度。对于1980年代的时代背景来说，这不但需要百折不挠的决心，还要有相当的远见。

被媒体称为"武夷山守绿人"的陈建霖先生是保护环境方面极具代表性的人之一。几十年来，陈老坚持保护武夷山的一草一木，其间的辛酸难以尽言。据他所述，20多年前，闽北林区，从山上运下来的木材直径跟家中吃饭的圆桌一样大，如今，直径这么大的树几乎看不见了。20多年前，林区里有豹、猴等动物，甚至还能见到老虎的踪迹，如今都了无踪影。原大王峰脚下九曲溪旁边有六七十棵古松，现只剩下一棵了。而代表景点玉女峰从前更是满山的混交林，后因砍伐只剩下爱生虫的松树了。有些存留下来的古树名木实际上是陈老等人后来克服困难保存下来的。而在景区修建人工构筑物无疑会对环境造成一定负荷，早年武夷山曾发生过几次肆意乱建的史事，如1980年代末曾有人偷偷在大王峰右前侧九曲溪边建宾馆，后在陈老的极力反对下被勒令停工。

2. 选址及立意的具体做法

武夷风格在选址及立意的具体做法上同样是从环境着手，设计时强调各限制因子间的协调，力求整体把握。

东南大学建筑研究所做景区的详细规划时，从整体上研究了武夷宫的历史沿革和自然景观，了解了投资来源和施工技术，分析了经济效益和管理水平，经过两年多的反复讨论修改，最后确定了以美学范畴中重要形态之"社会美"立意[3]。不采用恢复历史上曾经有过的三大殿、五大宫原貌的办法，也摒弃城市园林的小山小水、亭台楼阁的布局方式，而是以组织"旅游小社会"的生活环境，再现当地乡土人情的步行街和内广场，创造社交、娱乐、商业、食宿等有地方习俗的环境。这正是国内外游人千里迢迢为之寻觅的"乡间风味"和"异国情调"。既可观赏又实用，同时满足了精神和物质需求。目前，大部分已按规划设计意图，有拆有建，有用有改，逐步形成一个具有地方特色的统一风格的风景点。

在环境融合、整体设计方面，除了设计师的不懈努力，其间还有学者发表的某些学术论点。

（1）邹其忠曾提道："根据武夷自然风貌岩体尺度不大，岩峰水体自然，布局曲折多变，规划处理手法宜从'幽'字上下功夫，自'秀'字上做文章，应'因地制宜''相地立法'……为满足旅游者需要，可安排些风景建筑与必要的服务建筑。其选址很重要，特别是风景建筑，它具有双重性，既要能满足停息观景，又是被欣赏的对象。因此选位宜得体，其体量不宜大，体型不宜高，数量不宜多，布局不宜聚，装修宜素不宜艳，建筑格调要统一，型制可仿古。服务建筑取位宜隐蔽，既要方便群众又不能与风景建筑比高低，抢空间，取样亦可采用民居形式。在大自然风景为主的景区中，风景建筑均属大自然陪衬，切忌喧宾夺主，要与周围环境取得协调。"[4]

（2）蔡德道的《风景名胜区规划与建筑》里提出，"风景名胜区的建筑具有使用功能及环境构图两个方面的作用。通俗来说：环境是主，建筑是客，要主客相融，不要喧宾夺主，不要作不速之客而孤芳自赏。建筑与环境条件结合，要运用地方材料。吸取当地生活方式及传统建筑中的有益之处，充分利用自然环境的地形地貌，构成建筑外部环境，以形成独特的建筑形象。风景名胜区必须增加新建筑，才能满足功能要求。不能片面地认为，在自然景观中及古建筑附近不能增加任何建筑。其关键是协调，新建筑除在构图中的作用外，还能使风景名胜区增加时代感，赋予新意。对古建筑不应只是积极维护，要在使用中积极保养，由于成为旅游资源，按照经济规律是会倍受保护的"[5]。

书中还强调要从环境设计的观点出发，进行建筑物的选点与选型，要特别注意统一，如风景名胜区内各建筑物在形象上的相对统一，建筑尺度与室内空间环境的相对统一。在室内以建筑空间为主，借景于自然，引景入室，创造富有特色的室内空间。要注意解决建筑与其他因素的关系：① 新建筑形象与自然景观在构图上的关系；② 新建筑与有保留价值的旧建筑的形象协调；③ 有保留价值的古建筑的空间保护；④ 大体量新建筑对环境的影响。

3. 武夷山风景建筑的群体布局

武夷山风景建筑群体主要布置在武夷宫景区。武夷宫景区位于大王峰东南部的山麓，东临崇建公路和崇阳溪，南临九曲溪的一曲（图4.1），通过对其布局研究有助于加深对武夷风格总体特征的理解。

3 武夷山志 [EB/OL].
http://www.wuyishan.gov.cn

4 邹其忠. 谈武夷山风景区规划[J]. 建筑学报,1983(9):17

5 蔡德道. 风景名胜区规划与建筑 [J]. 建筑学报,1983(9)：20

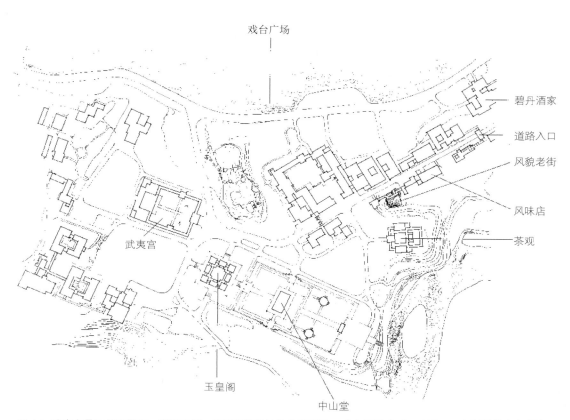

图 4.1 武夷宫景区总平面图　资料来源：齐康建筑设计作品系列 7：武夷风采［M］.沈阳：辽宁科学技术出版社，2002

景区的南区，以步行街（现宋街）的形式结合布置小广场，组织一系列连续自由空间。街道采用开放式和封闭广场的布局对比，形成收、放不同的空间感受，建筑多为二层，街道长约150米，宽4.5米，以鹅卵石及条石铺地。在这里要用乡土客舍的办法解决一些住宿床位，并在步行街和广场内组织具有地方特点的娱乐、商业、社交的旅游小社会生活，让游人感受当地人的生活环境和生活方式（图4.2）。步行旅游街的设计构思，正是源于星村、下梅等具有浓厚山野情趣的山村和集镇古街[6]。

中区，是武夷历史文化、自然资源的展览区域。以宋式重建武夷宫（亦名万年宫，现用作朱熹纪念馆），作为历代文化古迹的展览馆（图4.3），并于中山堂处，增设白石牌坊与前后山门，形成一组轴线对称、端庄完整的自然博物馆。

北区原有办公楼、招待所各一幢，现改建成一组具有现代设施的内庭式宾馆（即幔亭山房）。内部用敞廊、花培连接，组成不同形状的大小庭院。外观朴素、内庭幽静，室内装饰及家具都刻意利用当地卵石、竹木等乡土材料制作。

6　齐康.风景环境与建筑［M］.南京：东南大学出版社，1989：51

图 4.2 步行旅游街

图 4.3 武夷宫

玉皇阁是武夷宫景区的中心，处于各组建筑群轴线的交汇区域，在景区的群体空间组合上起着控制作用，并使整体高低参差、疏密有致，从而形成丰富而多变的体型环境（未建成）。

武夷宫景区是整个风景区的前奏，在古代，水路和陆路均是由此进入武夷山。在此可一览具有标志性的景观如大王峰、玉女峰及九曲溪等，在这样一个自然景观优美与历史遗迹并存的区域，有必要布置有序的群体建筑空间，以满足内容丰富的游览活动。因而，在遗迹基础上恢复或改建历史文化景观，并开辟再现地方风情的古街，提供乡土特色的酒家与客舍，正是出于现代旅游特征的需要。根据群体建筑空间的构思，适当考虑风景区所处地域的生活形式，借鉴民居的地方性处理手法，使这组风景建筑设计带有浓郁地方风格并兼有现代气息[7]。

7　齐康．风景环境与建筑[M].南京:东南大学出版社，1989：44

4.1.2　环境设计及绿化

仅仅从物质元素构成的空间来研究环境是不够的，因为建筑环境中各种关系都是和人的行为、心理、感知分不开的，　而且总是通过人的活动和感受来表达各部分之间的"联""斥"程度，这种状态和应力场很相似，因此，我们可以把建筑环境看作一个"场"，并借用"场论"的概念来研究风景环境中的相互关系[8]。

8　颜文清．风景名胜区旅馆建筑环境设计[J].福建建筑，2004（5）：32

同济大学颜文清针对武夷山庄等建筑，在《风景名胜区旅馆建筑环境设计》中从环境心理学的角度把"风景名胜区旅馆建筑外部空间设计"归纳成表格（表4.1），在本书作为武夷风格环境设计的参考之一，这也充分体现出武夷风格对人、环境和历史的整体把握。

由表4.1可见武夷风格环境设计的因素很多，因篇幅所限，不能一一加以分析。出于对生态环境的充分重视，武夷山经过几十年的曲折摸索，在绿化方面一方面吸取传统园林的各种经验（详见第五章），另一方面自身也形成了一定的特色。绿化是武夷风格外部空间设计较有特色的组成部分之一，故单独列出。

9　武夷山风景区总体规划大纲[J].建筑学报，1983（9）：11-13

据前文所述，"武夷山风景区建设的重点是绿化建设。在整个建设中，第一是绿化，第二是绿化，第三还是绿化"[9]。绿化而与景观密不可分，如景观的点景、障景、漏景、对景等很多手法都是靠绿化来承载的；规则的绿化能形成连续的界面，引导景观序列；不规则的绿化对于营造地道的"山林野趣"是极好的素材。绿化及其所产生的形、色、声、味组合起来可以形成千变万化的景观意境。所以将绿化与景观放在一起分析。

总的来说，武夷山的大部分绿化都是针对风景区的，武夷风格建筑的绿化只是其绿化系统的其中一部分。

1. 风景区绿化及景观

邹其忠针对武夷山的风景区绿化曾提出以下建议：

武夷景观多变，有主要景点与一般景点，其重要景点可借助绿化使锦上添花，如大王峰下及周围有浓郁绿树衬托，它的雄姿能更加突出，在玉女峰峰麓若有烂漫山花，就能烘托出其秀丽的娇容。此外，各景点之间横向交通联系多，除一些富景地段外，贫景地段平淡乏味，可借助绿化来弥补其不足。不同季节可选用不同树种，考虑色彩变化与周围环境相协调，如梨树开白花与武

表 4.1 风景名胜区旅馆建筑环境设计图

旅游者的心理体验	环境设计评价概念		环境设计方法
自然亲和性	自然可变性	季节性	庭园花木四季变化的设计
		可感性	可听风，观雨、夜景、日出的设计
	保存活用性	持续的活用性	自然材料的运用设计
		现存树的活用性	现存树林绿地的保护
			周围环境的自然化利用地形
	自然接触性	自然的参与性	可种植、钓鱼、采摘等环境设计
		生态的多样性	选择变化丰富的溪谷陡坡等
欢迎性	导向性	景观细部处理	—
		入口明显性	入口造景
			地段外的导向性设计
			隐含的导向性设计
			多视点景观设计
		象征性	土地的低密度使用
	舒适性	视觉眺望	界面的曲线性、柔和性
			乡俗节日集市活动广场的利用和设计
		曲线性	
	交流性	地域的交流	公共活动空间设计
秩序性	统一性	形式统一感	建筑高度体量的控制设计
		色彩统一感	色相统一建筑与环境色协调
		设计基调的统一	建筑小品造型符号的统一设计
	复杂性		（水电气等）供给设施的隐蔽性设计
			（停车场等）便利设施的隐蔽性设计
乡愁性		回归性	（农具风车水井等）怀旧物的恢复设计
		永远性	地域个性的保存，名胜古迹的保护
		朴实性	乡土手工制品场地的保存
		熟悉性	—
	居民的交流性		居民交流场所的充分利用
			乡间农舍的改造设计
个性	地域性	地方材料活用性	地方材料的应用
		地方象征性	象征物的强调设计
		地方自然状况的活用	地方活动场地传统集落的联系性设计
	历史性		地方历史文化遗产的尊重
			规划设计中促成其历史性的延续
	差异性		区域的对内整体性、对外独特性设计
安全与休息性	安全感	围护感	必要的围护设计
	易识别性	中心性	中心象征物的创造
		方向性	周围地形构造的统一考虑
	集中性	领域性	具备私密感
		边界性	环境的多层次界面设计
	安静感		自然风景园、花果园设计
			夜景设计

资料来源：颜文清.风景名胜区旅馆建筑环境设计［J］.福建建筑，2004（5）：33

10 邹其忠. 谈武夷山风景区规划 [J]. 建筑学报, 1983 (9): 17

夷山黑褐色岩体形成鲜明对比；或树林一片，林下杜鹃铺地亦甚壮观；或在叠泉飞瀑侧植红枫或槭树数株，也能衬托白练飞泉。自九曲里村码头下竹筏是游览水线的开始，可在溪畔两侧植竹或柳，后方田野遍植梅树、桃树或梨树，以群峰为背景，组成近、中、远空间序列，给旅游者留下深刻印象[10]。此外，邹先生还提出可以利用绿化措施吸引动物活动，以便引借其动态景观等中肯的建议。

另一方面，武夷风格的景观特征吸收了北方园林建筑外向性的特征，因为它与北方皇家苑囿同是凭借优美的自然山水；同时也兼具南方园林内向、曲折多变的特征，因为武夷风格所处武夷山地区属我国东南部。特定的地理、历史、文化会反映出特定的建筑风格，再加上现代灵活自由的处理手法，使武夷风格既有江南园林的秀丽多姿、精巧典雅，又有北方园林的爽朗端庄，更多了一份乡土风味和时代气息。

2. 武夷风格的建筑绿化及景观

武夷风格建筑的绿化是景区绿化的一部分，这就决定了一切从整体考虑，从环境着手。武夷风格建筑的绿化有如下几点特征。

（1）作为障景、漏景，将"宜藏不宜露"的建筑主体半掩起来。

11 张家骥. 园冶全释：世界最古造园学名著研究 [M]. 太原：山西古籍出版社，1993：13-18

植物形态多样、各种乔灌木高低错落，构成竖向景观变化。在外部环境中，高大的乔木是植物景观的骨干，往往从高度上控制着视觉空间，形成景观立面的天际轮廓。某些历史久远的地方如天心永乐禅寺、武夷书院（原冲佑观）、三清殿、武夷宫周边的山林景象或自然气息多凭倚园内多年生长的大树的烘托和渲染。遮天蔽日的大树隔绝了视线和噪声，营造了宁静安谧的气氛。然而大树参天生长不易，老树苍古尤其难得。计成《园冶·相地》有："新筑易于开基，只可栽杨移竹，旧园妙于翻造，自然古木繁花。"[11]大树老树和山水地形一样也是造园择地的重要条件。保留和利用基地内原有大树、立基造景，或选择若干适当树种在适当位置种植，假以时日，长成参天大树，对形成区域内苍翠葱茏的自然气氛十分重要。武夷书院（图4.4）、幔亭山房（图4.5）等多于1979年后种植树木，现已初见成效。

（2）独自或与其他元素形成界面，引导景观和空间序列。

从视距、视角的关系来看。有时候建筑与山体形成的空间围合感不够，或比较呆板生硬，借助树木高大的形体、柔和的轮廓肌理可完善或改善界面构图（图4.5）。如宋街沿街建筑形成的界面，若不是千姿百态的植栽的映衬，将很难形成连续而丰富多彩的景观序列，也不易与前方雄伟险峻的大王峰自然融合（图4.6）。其独特的质感、形态在视觉及心理感觉上映衬山石、水体及建筑。

12 刘晓惠. 文心画境：中国古典园林景观构成要素分析 [M]. 北京：中国建筑工业出版社，2002：76

植物柔韧的枝条、斑斓的冠叶与周围山体、建筑在形状、色彩、肌理上形成对比，参差错落、浓淡相间、虚实相生，丰富了景观立面的轮廓和质感。树叶在风中沙沙作响也会帮助营造静谧的空间氛围[12]。如幔亭山房某入口设计借助植栽的巧妙搭配营造出典雅而精致的乡野风情（图4.7）。这样的手法在武夷风格建筑的室内也有灵活运用。

图 4.4 武夷书院绿化

图 4.5 幔亭山房绿化

图 4.6 宋街

图 4.7 幔亭山房

（3）作为近景、中景呼应周边的远景（山体），增加景观层次。

景区内的植物分布甚广，从不同视点看远近高低各不相同，它们分别构成景观画面中的远景、中景或近景，使空间层次更加丰富。植物作为远景多在开阔空间衬映山体、水体和建筑形体，或作为空间边界，重在表现植物群落的参差变化和浓重的色调，强调天际轮廓的背景作用。植物作为中景，通常个体形象清晰可辨，景观作用突出，注重树木个体或组合的整体形象，包括姿态、轮廓及与所衬托的景物的关系。植物作为近景陪衬使空间显得比较深远，有时在小庭院内作为主景，更注意植物个体形象及细节表现，包括枝条、花叶的形状及色彩，适合近距离品味和观赏。这样的例子很多，武夷山庄（图4.8）、幔亭山房、九曲宾馆等尤为突出。

（4）作为局部与建筑融为一体。

这是武夷风格建筑运用较成功的手法之一。利用垂吊植物从窗台、栏杆外撒下（图4.9）；或是用爬藤自然延伸到紫红色砂岩砌筑的墙基，使建筑看起来就像是地上长出来的一样，与环境十分协调。

（5）作为某区域景观主体，成为景观节点

植物素材常常作为景观表现的主题。通过在不同区域栽种不同的植物或突出某种植物为主，形成区域景观的特征。可增加景观的丰富性，避免平淡、雷同，如万春园内景点大都与植物有关。也可借助人工构筑的框景构成景观节点（图4.10）。

图 4.8 武夷山庄庭院绿化层次　　图 4.9 绿化作为建筑局部　　图 4.10 武夷山庄点景绿化

4.1.3 空间序列及交通组织

13 刘晓惠. 文心画境：中国古典园林景观构成要素分析[M]. 北京：中国建筑工业出版社，2002：76

武夷风格的空间组织多以庭院为中心。依地形地势而变化，考虑民风民俗和地方材料的应用，形成民居与地形有机结合而形态丰富多变的特征[13]，结合特定基地环境和现代人的生活方式。发展传统单线型的空间序列为复合网状空间序列——这是环境融合、整体设计的重要表现。

以武夷山庄为例：作为一座现代化的风景旅游宾馆，建于幔亭峰下的一个小山丘上，该山丘三面环峰，环境空间接近半开敞的状态。东、南、北三面都能形成较好的观景面，建筑空间组合完全顺应地段空间的特征，以公共活动空间作为建筑主体置于高处，出入口向三面伸展，这种用建筑顺应地形特征的手法，获得较好的环境效果。而这种主空间位于山顶，向下跌落延伸小空间体的处理，并不拘泥于对民居空间布局的参考，而是取其精神，从视觉规律与山地的特殊表现出发，合理安排现代功能性的群体空间。

风景旅游建筑连同其环境形式的空间场所，其表现矢量关系的就是人的活动流线，这里不仅是数量的问题，还有方向、速度两个重要的因子，以武夷山庄空间环境为例，我们可以画出其中人的流线图（图4.11）。仔细观察会发现：①人的活动流线是在界定的庭院空间里出现的；②几条流线随着不同主题的庭院互相交织；③流线随着不同条件而变换，并可用手段改变其导向。

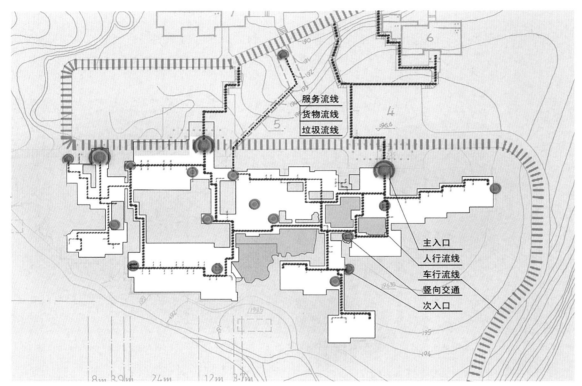

图 4.11 武夷山庄交通及空间分析

4.2 单体风格特征——传承、转化和创新

"传承、转化和创新"是齐康教授经常提到的几个字，前文已经说过，武夷风格没有固定的设计手法，但是武夷风格有自己的设计理念，那便是传承、转化和创新。这在单体设计方面尤为突出。

4.2.1 室外特征

1. 概述

武夷风格建筑学习民居形式，如屋顶平面灵活自由穿插组合，使得单体建筑的屋顶形式丰富多彩。如幔亭山房入口凸作抱厦形（图4.24）；武夷山庄屋脊处的错檐既丰富造型又有利于通风采光；九曲宾馆错檐再结合木框架使视觉层次更丰富，"山野味"更浓厚。长屋面被任意分割成若干短屋面，前后、上下、左右任意搭接（图3.17）。其他如玉皇阁的攒尖顶、茶观的歇山顶等也各有千秋。

武夷风格的"山野"气息，不仅来自本土材料的广泛应用，还因为它是一个开放的系统，对传统民居形式的借鉴，大多取其意而不拘泥于形。经过传承—转化—创新，使得武夷古民居在现代社会的各个层面获得了新生，同时也是对现代建筑地方化的肯定。这与第一章里论述的"风格的新陈代谢和风格的转化"是不谋而合的。经过传承—转化—创新，山里人豪放不羁的性格特征再加上点浪漫情怀在千变万化的立面处理上得到了充分的表现。

2. 立面特征

立面处理中最重要的是墙体，墙体构成的再创造是武夷风格的重要特征之一。

建筑创作是社会约定俗成的突破，在大的方面上是建筑观念的突破，观念的突破是先导，接着是具体的建筑形象的创新，而变形是一种重要的建筑形象创新手法，也是我们所说的转化。

传统民居的结构体系和现在的梁柱框架结构体系相似，在这一点上两者具有相通处，同样都具有面与骨架的关系。在现代建筑的墙面形态上，可以有意强化这种面与骨架的构成体系，以民居墙体形态为原型进行变形处理，寻找一个结合点，在框架结构逻辑中融入民居墙体构成规律，再加以细致的墙面划分和质感对比，得到新的墙体形态，而材料和技术可以是现代的，也可以利用当地材料和传统技术。墙面的划分可以是真实的结构体系的外现，也可以是色彩划分或装饰线条的运用，只要运用合理都可以表达出文脉的延续和环境的意义。

在具体的设计创作中变形是关键，通过对传统墙体立面构成规律的变形处理，可以打破原有形态的约定俗成，获得新的但又具有文脉延续性的新形态。变形是一种手法，它涉及各要素之间的结构关系，单独的骨架和面并不具有任何意义，当用变形手法把它们组织成一个整体，这个整体就成了一个新的符号系统，它与传统民居的整体结构具有同构异型的关系，整体的结构决定着各要素的地位，要素的变化亦影响到其他要素及整个系统，变形强调的就是各要素之间的结构关系。这些网络关系决定着整体的表现，通过对作为表象的面与骨架的变形处理，揭示出潜藏于内的深层结构，从而创造出具有场所感的建筑形象。变形手法中有两种重要的方式就是拓扑变形和微差变形。

拓扑变形是指变形前后的两个图形之间存在一个对应的连续函数关系，变形后的图形与原有图形的结构关系保持一致。变形与原形存在着内在的延续性，而变化的结果则有无数的可能，人为强调变化的重点不同，得到的变形就会不同，这是一种十分有效的设计手法，其特点是能保持文脉在一定程度上的延续性，形成一定的模糊性和多义性，从而创造一种新的形象[14]。

微差变形指的是一种差别不大的变形。建筑中的微差关系是指尺寸、形式和色彩等彼此区别不大的细微差异，微差本身的含义就是"偏差"，它反映出一种性质向另一种性质转变的、显著的连续性：由重逐渐转变为次重和较轻，由白色变为灰色而后变为黑色等。

武夷山庄、九曲宾馆、玉女大酒店等建筑对民居墙面形态做了很好的拓扑变形和微差变形处理，从这些作品中可以清晰地看到墙面变现手法、构成规律、骨架与面的关系、垂直和水平划分、

14 华峰，何俊萍. 形式与表现——民居墙体构成的形态意义［J］. 华中建筑，1998（2）：122

质感和色彩的对比。设计者在地方性建筑创作中抓住了民居墙体表现的神韵，又与现代建筑体系相适应，通过变形处理，使乡土建筑文化得到了提高和升华，既保证了建筑的地方性，又具有时代性，如图4.12所示武夷山庄景区大门设计。正如齐康教授所说："是城市建筑文化吸取了乡村建筑文化，其建筑风格绝不是单纯民居的形式，是一种向地方风格的吸取和交汇，一种对地方风格的强化。"[15]

15 齐康. 意义·感觉·表现[M]. 天津：天津科学技术出版社，1998：24

（1）武夷山庄山墙及彭祖山房正立面造型中骨架与面结合，利用悬挑形成层状体系，在面的表达上具有纵深层次，墙面划分既有真实的骨架体系又利用了色彩和装饰线条的处理，墙面形态是民居山墙的变形（图4.13、图4.14）。

（2）玉女大酒店墙面构图中强化阳台的形态构成，吸取民居木构架构成规律，在面之前进行骨架构图处理，属于现代功能的传统处理（图4.15）。

（3）九曲宾馆标志性塔楼中传统木构架与现代技术结合，构架的空与墙面的实结合，再加之屋顶的解构处理，完成塔楼的表现形式。九曲宾馆墙体局部，为毛石、木材、喷塑墙面的结合，强调材料质感肌理的对比，采用装饰性的木构架处理方式呼应传统风格（图4.16、图4.17）。

3. 武夷风格建筑对传统民居有着不同程度、不同层次的传承、转化和创新

（1）寺庙宫殿等复古建筑以及景区亭台等小品建筑，其风格很大程度上是对传统建筑的传承——标准的三段式处理，如武夷宫、天心永乐禅寺、止止庵以及待建的玉皇阁（图4.19）等。但这不是复原，而是再造（详见第三章），所以结合实地情况和时代背景仍有其特定领域的转化和创新之处。

（2）风景区旅馆建筑及部分亭台等仿古建筑是对民居的选择性传承——既有民居构件的符号学应用，又有空间意境的继承，并在三段式的基础上先破后立，形成自身的特色。因此，这类建筑拥有更大的转化和创新空间。如墙基是建筑与地面交界的部分，常常需要加以强调。武夷风格的墙基材料丰富，并根据实际情况采用不同的砌筑方法和形式。采用最多的材料是武夷山丹崖石块，鹅卵石镶边也比较常见，还有的是砂浆勾缝或者深红色涂料等。这时候的墙基已经突破了其原概念的限制，与墙体浑然一体。其主要标高做法有：①地面层标高与窗台板标高配合；②地面层标高与一层标高配合；③窗台板与一层标高配合；④窗台板标高与门框配合；⑤一层或若干层标高单独片墙（图4.13～图4.19）。

（3）后来的现代建筑如景区大门、华彩山庄、飞机场联检大楼及候机厅等仅是对传统精神内涵的传承，三段式的特征已经不再明显。其转化和创新拥有最大的发挥空间。

图 4.12 武夷山景区大门透视

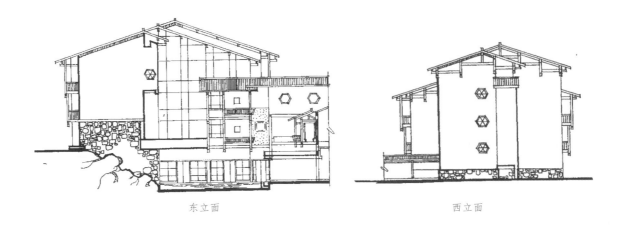

东立面   西立面

图 4.13 武夷山庄东、西立面 资料来源：齐康.齐康建筑设计作品系列 7：武夷风采［M］.沈阳：辽宁科学技术出版社，2002

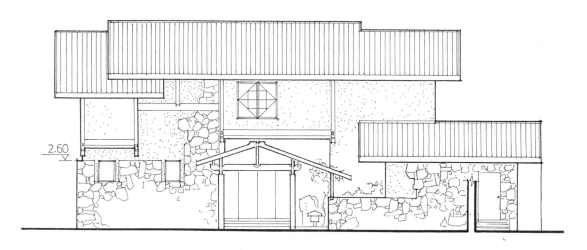

图 4.14 彭祖山房北立面 资料来源：齐康建筑设计作品系列 7：武夷风采［M］．沈阳：辽宁科学技术出版社，2002

图 4.15 玉女大酒店立面 资料来源：陈建霖手绘

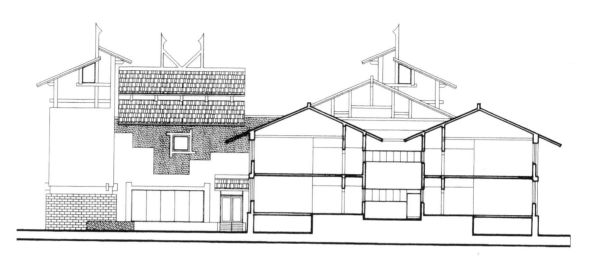

图 4.16 九曲宾馆剖面 资料来源：齐康.齐康建筑设计作品系列 7：武夷风采［M］.沈阳：辽宁科学技术出版社，2002

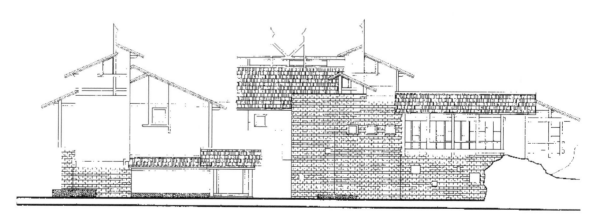

图 4.17 九曲宾馆东立面 资料来源：齐康.齐康建筑设计作品系列 7：武夷风采［M］.沈阳：辽宁科学技术出版社，2002

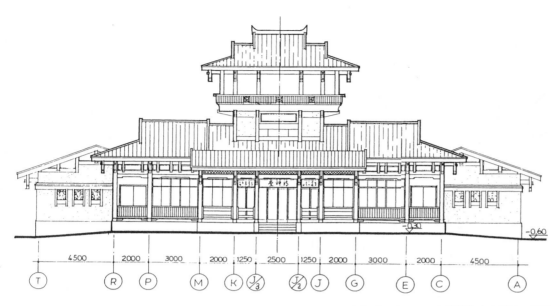

图 4.18 武夷茶观南立面 资料来源：齐康 . 齐康建筑设计作品系列 7: 武夷风采［M］. 沈阳：辽宁科学技术出版社，2002

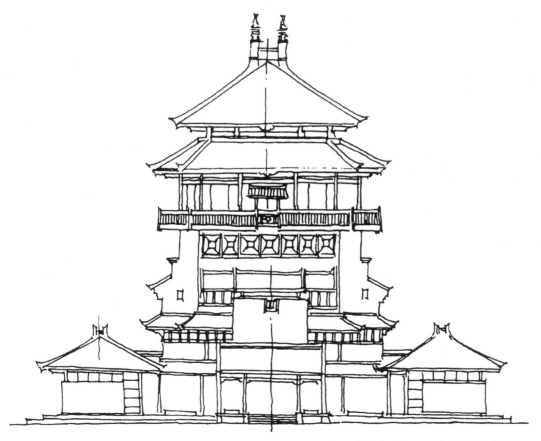

图 4.19 玉皇阁立面 资料来源：齐康 . 齐康建筑设计作品系列 7: 武夷风采［M］. 沈阳：辽宁科学技术出版社，2002

4.2.2 室内特征

武夷风格的室内设计及装修设计同样体现了传承—转化—创新的设计理念，不过这里的传承、转化和创新除了针对传统以外，更多地倾向于地方的山水意蕴即"乡土味"。

20世纪初，"装饰就是罪恶"的宣传导致"国际式"大师们否定一切装饰的倾向。随着科学技术的发展进步，新材料、新技术、新工艺推动了建筑内部装修的不断繁荣，"装饰终于又回来了"。装修历史的发展演变证明了物极必反的规律。今天，人们对室内环境提出了更高的要求。设计师们反把自己的哲理思想渗入内部环境设计中去。他不是孤立地设计一个立面，或一个形体，而是考虑到形的延伸，形的视觉效果，形式和色彩的相互作用，形象与感情的连锁反应，出现了"主题装修"，通过"主题装修"使人产生"感情游移"和"感情传递"，在潜移默化过程中达到"感情积累"，生理学中的感知、记忆、联想、移情成为设计师实现自己建筑哲学的新手段。

武夷风格的室内环境设计不是孤立地对待墙面、天花板、地板等形成内部空间各元件在材料和色彩上的变化，而是着意于追求整体的内部环境主题，辞藻华丽未必是好文章，没有主题的作品难以被欣赏。我国旅游事业的新兴促进了内部装修的发展。然而只求材料名贵，或一味追随国外设计手法，既不合乎当前国情，也未必合乎民族感情。富丽、豪华、高贵是一种美，质朴、淡雅、古拙也是一种美，不同民族、不同阶层有不同的审美观。时间的流逝、空间的差别、心情的变异对美都会产生不同感受。审美是一种复杂的社会现象。建筑内部环境创作实质上属于美学范畴，它不是高贵材料的堆砌，也不是"有啥用啥"的大杂烩，它是精神和物质的结合，一种实用物质艺术[16]。

建筑性质和所在环境是确定内部装修的首要因素。有以材料或色彩作为装修的主题；也有以情调作为主题的装修；还有利用名人轶事、历史典故、神话故事以及听觉、视觉、感觉、幻觉作为内部装修主题。武夷风格的内环境应该表现什么样的气氛呢？它是以"骏马秋风塞北"表现雄伟、苍茫、壮洲；还是以"杏花春雨江南"表现轻灵、明媚、秀雅？笔者偏向后者，它更能与风景环境协调，与建筑造型格调一致。在装修选材和造型上依照内部意境决定取舍，争取创造有时代感的乡土风味环境。

武夷山庄的休息厅以竹材为基调。天花板由满布竹片的单元体和方格网状毛竹筒灯具组成。36平方米的天花板上配有20盏灯具，照度均匀而富有变化。地面采用特制竹影图案的福建花砖，上下呼应。墙面则以当地产"崇安横纹竹筒席"饰面。结合当地寒冬用木炭烤火的风俗，借鉴西方手法，厅内设计一座粗面片石壁炉，增添了家庭生活气氛，使整个休息厅充满乡间风味（图4.20）。

武夷山庄门厅天花采用小青竹密拼吊顶，利用屋面斜梁分成1.7米宽斜向条块，并使灯顺南北墙面延伸，墙面与天花浑然一体，方向性强，与毗邻的休息厅既统一又有区别，门厅中的回廊柱头饰以少量木花图案（图4.21）。这是吸取民间竹筋粉刷夹木花饰的传统手法，显得清新古雅，配竹编吊灯，迎宾气氛热烈。茶座位于敞厅之上，两者均处于休憩赏景佳地。除装饰风格与整体统一外，不做过分修饰。

武夷山庄餐厅装饰立足于淡雅、质朴。小餐厅以镶嵌木花罩的椭圆形镜面点题，题材系取自武

16 杨子伸，赖聚奎. 返朴归真 蹊辟新径——武夷山庄建筑创作回顾［J］. 建筑学报，1986（6）：21

图 4.20 武夷山庄休息厅

图 4.21 武夷山庄门厅

图 4.22 武夷山庄室内　资料来源：齐康.齐康建筑设计作品
系列 7：武夷风采［M］.沈阳：辽宁科学技术出版社，2002

图 4.23 彭祖屋室内　资料来源：齐康.齐康建筑设计作品系
列 7：武夷风采［M］.沈阳：辽宁科学技术出版社，2002

夷山神话故事，通过提炼、升华，用建筑语言表达，让观赏者产生联想。大餐厅内在一道与天花板浑然一体的侧墙面上，镶嵌有5块40平方厘米的花岗石雕刻，其题材取自"幔亭招宴"的神话传说，这个设计也反映了福建高超的石刻技艺[17]。

　　童寯教授曾有一段颇能令人深省的话："西方仍然有用木、石、砖、瓦、传统材料设计成具有新建筑风格的实例。日本近三十年来更不乏通过钢筋水泥表达传统精神的设计创作。为什么我们就不能用秦砖汉瓦产生中华民族自己的风格？西方建筑家有的能引用老庄哲学、宋画理论打开设计思路，我们就不能利用固有文化传统充实自己的建筑哲学？"[18] 武夷山庄的设计正是从这点出发而做的一个传承、转化、创新的尝试。幔亭山房、九曲宾馆等武夷风格建筑的室内设计也根据各自不同情况进行了有益的尝试。

17　杨子伸，赖聚奎.返朴归真 蹊辟新径——武夷山庄建筑创作回顾［J］.建筑学报,1986（6）：21

18　童寯.新建筑与流派［M］.北京：中国建筑工业出版社，1980：4

幔亭山房本是一座武夷山区常见的小四合院，内部装饰极富山情野趣：鹅卵石铺砌的地面，竹编天花板，蔑织墙壁，树干、树杈、树根制作的原木家具，构造巧妙，姿态各异，保持天然形象，显得粗犷古朴。现代女作家张抗抗在此小憩，写下了《武夷幔亭山房梦游》的散文，文中对山房的装饰赞叹不绝，她说："我的内心充满对设计师的感激之情和敬慕之情，是他们重现了、再造了朴素的东方之美。"别具一格的装饰拨动了一位离开故土40多年的游子的心，她说："住进幔亭山房，犹如回到了自己的故园，真有一种难以形容的眷念怀乡之情！幔亭山房摆设的一件件奇特的家具，如双人床、书架、沙发、茶几等全是用武夷山的树枝、树干镶接而成，那一个个自然形成的木头疙瘩，那一圈圈弯弯曲曲的木质花纹，有一股纯朴的山风吹拂心中。人们发现在这远离城市的山乡，居然能寻觅到这样一个奇妙的艺术世界……"武夷山庄（图4.22）、彭祖屋（图4.23）室内同样野味十足，只是因为接待型宾馆的特殊要求，比之幔亭山房多了些商业味道[19]。

九曲宾馆的主入口空间、大堂的休息等候区等过渡性质的区域，采用了大片落地玻璃窗，增加与室外景物的联系，此外，组织了良好的景观，避免了孤立地塑造建筑空间而摒景物于外的做法，最终取得了很好的效果。关注室内空间与室外风景的交融，强调室内设计与室外自然风景的整体性设计，强调室内空间与自然景观的视觉联系，也是对传统"天人合一"哲学思想的传承、转化和创新，只是其关注的是更为深层次的思想原则。

4.3 细部风格特征——因地制宜、粗粮细作

传统建筑中往往只有极少数富裕的上层社会人物有资格、有财力追求细部的精致。今天，社会的发达使建筑平等地面向公众，从而使对细部的关注成为可能。它表达了建筑对普通人的关爱。在建筑细部设计中，武夷风格对传统的地域建筑符号加以提炼，以现代建筑手法来表现，是常见的做法之一。然而，相对于其他地方的地区风格来说，对传统的"因"并不是武夷风格所独有的；而相对于武夷风格设计手法来说，其对细部的处理也不局限在对传统的"因"，如武夷景区大门、华彩山庄等已经完全使用现代手法。因此，只有对武夷山本土的"因地制宜"才是武夷风格真正突出的特征。

对武夷风格来说，因地制宜是一个内涵丰富的词汇，重点在"因"上，可以因场所精神、因地方设计手法、因地方材料、因地方技术等。

"粗粮细作"本是东南大学张宏在总结九曲宾馆设计时提出来的，在这里也用来形容武夷风格细部的共同特征。

4.3.1 形式特征

武夷风格地方性的完整表现，还在于其来自民居的丰富多彩的建筑细部处理，武夷山风景区建筑，通过对入口、屋顶和檐部处理以及木构架的显露等，形成明确、细致的地方特色[20]。

幔亭山房入口门廊，凸出作抱厦形，前列石柱刻楹联，上搁木梁架，体型轻巧，形成一个室内外的过渡空间（图4.24）。

19 杨瑞荣. 别具一格的武夷山建筑艺术 [J]. 今日中国，1997（1）：66

20 齐康. 风景环境与建筑 [M]. 南京: 东南大学出版社，1989：52

图 4.24 幔亭山房入口

　　武夷山庄宾馆入口，考虑旅客在雨篷下乘车，远不是一般民居的门楼或雨披所能满足，因而采用丁字形两面坡顶的轩廊式雨篷，不仅满足现代使用功能，且在造型上与宾馆整体统一（图4.25），彭祖山房面向宋街的次入口也别有风味（图4.26）。

　　武夷风格建筑的屋顶影响着建筑整体的形象，而檐部的精致刻画，能使建筑有着丰富的细部，这两部分的处理，是地方性特征最直接的表现[21]。另外，有着良好组织的建筑群体，其屋顶可作为第五立面来探讨。武夷山庄的建筑屋面随地形高低，有50多个不同标高，把大屋面、长屋顶分成若干个小屋面、短屋面，前后、上下错落搭接，形成良好的艺术效果（图4.27）。

　　檐部处理，运用民居多样的挑梁、垂花柱等式样加以概括和典型化，使建筑群体具有统一的符号和格调。此外，不论是已建的武夷出庄、幔亭山房还是星村码头、碧丹酒家，以及待建的其他工程，设计中多采用穿斗式梁架（图4.28）、挑廊、垂花柱等民居常用的结构形式。

21　齐康. 风景环境与建筑[M]. 南京: 东南大学出版社, 1989: 52

图 4.25 武夷山庄宾馆入口细部

图 4.26 彭祖山房次入口细部

图 4.27 武夷山庄错落丰富的屋顶形式

图 4.28 鱼唱的仿民居穿斗式梁架形式

4.3.2 材料和技术特征

　　现代科技的发展，改变了建筑的使用条件，它对传统固有的技术也是一种冲击，它改变了人们对建筑的观念。现代建筑由于新技术的采用而刺激人们去寻求可表现其材料的设计。在现代建筑中，技术表现已被看作一种艺术，一种创造性的表达，用以提高人们对于建筑本质的认识。

　　武夷风格对地方材料的运用十分妥切。如：河卵石铺地，花岗石、红砂石、小青砖外墙勒脚，小青瓦屋面，乃至室内装修和家具，大多是当地山坡、河谷的天然材料。这些本土材料都给风景建筑增添乡土风采、地方风格。

　　齐康教授将材料和技术的运用归纳为"因地制宜"。他的学生张宏则把九曲宾馆的材料运用总结为"粗粮细作"[22]。在设计中大量选用地方乡土材料，一方面是为了创造地方性的空间效果和气氛的实际需要；另一方面也是为了控制造价。用木、竹、石、卵石、兽皮等当地产天然材料做室内

22 张宏. 风景建筑中的自然与人文环境意识观——武夷山九曲宾馆设计 [J] . 华中建筑，1997（3）：40

装饰材料，可以加强室内外的整体性，不但当地工匠做起来得心应手，而且材料较高档、价格低廉，武夷风格尝试了一条因地制宜的山地风景建筑"粗粮细作"的方法。天然材料的纹理、质感、形状等自然属性，保持了自然风景与室内界面之间的细微联系，又使各个空间界面和细部的形式特征更明显。

　　武夷风格对材料和技术的追求从来没有停止过。通过星村码头的设计，首次尝试了砖石与木头的结合（图4.29）。大的主要受力构件用砖石或混凝土；小的不需要过多受力的构件则用竹木。二者都漆上同样的传统朱红色，难辨真假，既很好地延承了传统民居穿斗式的结构脉络，又适应了新时代技术要求，各得其所。而后这种做法在武夷山庄、幔亭山房以及宋街等建筑中被广泛运用。

　　九曲宾馆在技术上颇有创建，它将饱含历史信息的崇安古城墙砖富有表现力地用于外墙面，有的砖上还刻有各种文字，这对于"真山水、纯文化"的武夷山核心景区来说是非常贴切的。斜坡屋顶设计放弃了沿用至今的当地暗红色蝶型片瓦的习惯做法，大胆地应用了天然材料。将盛产于武夷山区的芦苇的茎秆晒干脱水后，均匀铺于高低错落的钢筋混凝土自防水斜屋面上，将水泥、细砂、石灰、麻丝加107胶再加绿色矿物质颜料按一定比例混合搅拌后做粘贴剂，分三层固定芦苇秆，形成暗绿色自然肌理的屋面效果，在武夷山温湿的气候条件下，屋顶表面逐渐长出了一层青苔，其偏软的视觉感，形成了九曲宾馆第五立面的自然化特征，呼应了周围多至高点俯视的环境特点。实际上，上述自然化表现方法，形成了一种脱俗超凡的空间境界，与道教建筑强调与自然山林保持有机联系，不拘泥自身雕琢的内在传统精神保持了一致，这也是九曲宾馆自然化设计的内在逻辑[23]（图4.30）。

23 张宏.风景建筑中的自然与人文环境意识观——武夷山九曲宾馆设计 [J].华中建筑，1997（3）：36

图 4.29 星村码头

图4.30 九曲宾馆的屋面材料　资料来源: 齐康.齐康建筑设计作品系列7: 武夷风采 [M].沈阳: 辽宁科学技术出版社，2002

对鹅卵石的运用也是武夷风格的特色之一。1980年代小鹅卵石被广泛用于墙基镶砌，大的往往作为桌椅，或作为景观石、文化石刻上文字，或镶嵌在本地砂岩砌体墙之中；在新建武夷风情商苑中鹅卵石被有机点缀于墙面上，犹如一颗颗斑斓的宝石（图4.31）。在某不知名的山顶上笔者还无意间发现有人将鹅卵石劈成两半再嵌于墙中，形成别致的肌理和质感图（图4.32）。

武夷风情商苑在材料技术上还有一个大胆的尝试，那便是水园中的水车：水车主要用竹竿做成，为防止竹竿因不够坚硬受力后变形，或年久破损等，在竹竿中间插入了钢管，形成不错的效果（图4.33、图4.34）。

其他更加时尚的材料技术在武夷风格建筑中也多有体现，如膜结构、空间网架结构、玻璃幕墙、仿石漆等。可见武夷风格是一个开放的风格体系。另外，如前文所述，武夷风格建筑的室内设计也不乏运用材料和技术的经典之作。

图 4.31 武夷风情商苑

图 4.32 某墙面细部

图 4.33 武夷风情商苑水车

图 4.34 武夷风情商苑水车细部

4.4 本章小结

艺术是相通的，优秀的作品往往有许多共同点，如对环境地形的充分利用，对历史文脉的充分尊重，对材料技术的充分挖掘，对细节的充分考究等。

此外，武夷风格特征的某些方面是不可言说的，如设计手法，因为设计在某种程度上是一个"暗箱操作"的过程，个人的设计手法千变万化，不同人之间更是难以言尽，那是因为武夷风格本身就没有绝对固定的设计手法可言，比如，如果武夷山庄的叠瓦穿檐是武夷风格特征的话，那么在幔亭山房、九曲宾馆中已经不再明显。这种做法在传统民居中也不是家家户户都采用，屋檐的自由分割和搭接是根据其实际功能需求或者为了适应山区复杂多变的地形而出现的。再如，下梅古民居、武夷风情商苑中的封火山墙如果是武夷风格的特征之一的话，那么武夷山庄、九曲宾馆以及宋街大部分建筑都见不到山墙，原因是原先封火山墙在现代建筑中已经弱化了其防火功能，而武夷风格并非将符号化的东西放在设计的首要考虑因素。

然而事实上最容易被人理解或者说误解的也是手法。现在武夷山本地遍地可以看到武夷山庄中错瓦叠檐、穿斗式梁柱外露以及仿宋代的吊脚楼等，这些抄袭都是断章取义的做法，这种仅仅对建筑语言里"词汇和句子"的生搬硬套，不值得提倡。

再者，风格也有其动态发展的规律性，其特征也是不断发展变化的。总结归纳出武夷风格的精髓，对学术界来说只是这部分知识积累的开始。

第五章

武夷风格的总结

5.1 武夷风格与相关建筑理论

武夷风格并不是与生俱来的，从不同的角度审视武夷风格有助于深入理解武夷风格的基础理论来源，并拓展对武夷风格的知识认知层面。

5.1.1 武夷风格与地域建筑及新乡土建筑理论

1. 武夷风格与地域建筑理论

地域性是建筑的原始属性之一，建筑文化的存在是时间上的进展，更是空间上的分布。建筑的地域特征，在现代主义建筑登上历史舞台时，被 "国际式"风格迅速瓦解。现代科学技术的高速发展，商品经济的畸形运作，固然是加快这一过程的催化剂，但传统地域建筑系统本身结构与功能的缺陷才是导致系统崩溃的症结所在。

1）对传统地域建筑系统的理解

传统地域建筑是我们塑造现代建筑地域个性的创作源泉，是祖先留给我们的珍贵文化遗产。但是，传统地域建筑系统自身的一些缺陷使该系统存在难以克服的障碍。从整体上看，建立在自给自足的农业经济基础上、受封建宗法制度制约的传统地域建筑系统是一个相对封闭的系统。封闭性使系统少与外部环境发生作用，其自身的价值也难以体现，对于外部环境而言，也就逐渐失去了其存在的价值和意义。由纵向发展看，我国传统地域建筑系统的发展具有阶段性特征，而这种阶段性往往是异族入侵等外来文化强烈冲击的结果，系统打破平衡态的变化是被动的。由于缺乏主动性，建筑发展不可避免地走向无序——可能前进，也可能倒退，难以实现系统的自组织[1]。

传统地域建筑系统植根于相近自然环境和历史背景下，使得同一地域的建筑具有某些共性特征。

（1）同一地域的建筑具有个体形式的相似性和整体环境的统一性。由于传统社会比较落后的自然和社会条件的限制，建筑个体常选用相同的形制、材料、色调和艺术手法，导致建筑个体形式的相似。这种相似性使建筑与建筑之间保持协调一致的关系。在传统的农业实践中，人们生产和生活的轨迹按自然界的规律变化更替，社会生产力在整体上不能超越自然力的限制，从而决定了传统地域建筑观对自然的敬畏和尊重——建筑融于自然。

（2）同一地域的人群一般持有类似的建筑观，即地域特殊的审美观、价值观、评判准则、心理倾向等。这是传统地域建筑在长期发展过程中，人们在心理上达成的一种共识，并潜移默化地影响他们的现实生活。

（3）同一地域的建筑施工组织、施工程序、技术和工艺水平基本一致。古代匠人依靠薪火相传沿袭建筑知识和建筑技艺，是导致建筑施工和技术地域化的主要原因。

传统地域建筑的这三个主要特征，从观念、技术、艺术上制约了新建筑的创作，使其难以突破

1 赵琳，张朝晖. 新地域建筑的思考［J］. 新建筑，2000（5）：10

性地摆脱传统地域建筑模式的束缚，实现质的飞跃。因而传统地域建筑自身的发展非常缓慢，该系统则保持一种近乎静止的平衡状态。处于静态平衡的传统地域建筑系统看似稳定，实际上是危如累卵，只要有适当的外力，就会导致系统整体的倾覆崩溃。"工业文明"给予传统地域建筑系统的正是这样有力的一击。因而，试图以恢复传统建筑秩序来解决现代建筑创作所面临的问题是不切实际的，而且不能使系统的发展走上良性循环的道路，所以应该建立新的始终保持动态平衡的地域建筑系统。

2）建构新的地域建筑系统

对传统地域建筑系统的更新，应是从组织原则到组织结构的重新建构。新的地域建筑系统应具备自组织、自适应、自修复的能力，为了实现这一目标，要使新地域建筑系统具有开放性和兼容性。新地域建筑系统应是一个全方位开放的系统，是一个可以不断进行新陈代谢、实现自我更新的生命系统。对于这样的生命系统，区域的自然环境有如机体的骨骼，是地域景观构成的基础；区域的历史文脉则是岁月在机体表皮和头脑深处打下的烙印，是机体经验与感受的积累。这两者共同构成了地域建筑个性创造与发展的源泉。而民众的现实生活方式、经济技术条件与社会的进步、科学技术的发展息息相关，是推动地域建筑系统向前发展的动力[2]。

区域的自然环境、历史文脉以及民众的生活方式、经济技术条件共同构成的新地域建筑系统运行的初始元素。1980年代初期，建筑师对武夷山地区的初始元素进行综合权衡，择取最佳的建筑解决方案，之后，产生的新建筑通过社会与设计者之间的信息交流，不断改进设计观念和手法。1980年代中期武夷山庄一期、二期建成后，最终取得社会的认同，而逐渐形成新的地域建筑风格——武夷风格。当武夷风格形成之时，也就意味着它已经开始成为武夷山区域的历史。许多新元素的注入，如新技术、新材料、新观念等，不同程度地改变了民众的生活方式、社会的经济技术条件。进入1990年代之后，上述初始元素的量变积累将最终导致质变，地域建筑系统的新一轮更高层次的探索开始了，如：九曲宾馆对墙面的解构；玉女山庄突破了武夷山地区的限制将其地域文化扩展到全省范围；华彩山庄从仿古形式中脱离；等。

3）全球文明一体化引发的建筑文化趋同，使传统地域建筑重新受到关注。但是，每个时代都有自己的课题，传统地域建筑系统是古代建筑问题的解决模式。今天的武夷风格，针对现代的危机来建构新地域建筑系统。它既应"将一个地方的记忆从过去传递到现在，又将这个记忆从现在转换到未来"[3]；还应兼容相互对立的元素，开放地面对外部环境，并始终保持积极的活动状态，实现自身的良性循环。

2. 武夷风格与"新乡土"建筑理论

保罗·奥立佛在《世界乡土建筑百科全书》中指出"乡土建筑"的几个特征为：本土的，匿名的(即没有建筑师设计的)，自发的(即非自觉的)，民间的(即非官方的)，传统的，乡村的等，基本上体现了"乡土"的完整含义。

所谓"新乡土"建筑或"乡土主义"建筑，是指那些由当代的建筑师设计的，灵感主要来源

2 赵琳，张朝晖. 新地域建筑的思考［J］. 新建筑，2000（5）：10

3 安藤忠雄［M］. 龚恺，潘抒，赵辰，译. 台北：圣文书局

于传统乡土建筑的新建筑，是对传统乡土方言的现代阐释。武夷风格正是对武夷传统民居的现代阐释[4]。

武夷风格是"一种自觉的追求，用以表现某一传统对场所和气候条件做出的独特解答，并将这些合乎习俗和象征性的特征外化为创造性的新形式"[5]。这些新形式能反映当今现实的价值观、文化和生活方式，在此过程中，建筑师要判定哪些过去的原则在今天仍然是适合有效的。

因地制宜、因山就势是武夷风格的根本，正是与环境的充分结合才使之自然地融入环境，其"生于斯长于斯"的乡土价值才得以真正体现。

5.1.2 武夷风格与传统园林及风景建筑理论

1. 武夷风格与传统园林设计理论

许多人将武夷风格定义为外来文化的介入，这"外来文化"多是指传统园林的设计思想和手法。对比武夷风格和传统园林，我们会发现其千丝万缕的联系。首先，武夷风格最核心的"五宜五不宜"原则，与陈从周先生在《说园》中的论断"风景区之建筑，宜隐不宜显，宜散不宜聚，宜低不宜高，宜麓(山麓)不宜顶(山顶)"[6]可谓不谋而合。其次，园林建筑的以下特点也是武夷风格的重要理论依据：

（1）建筑以人工构筑的鲜明形象使它突出于山水植物组成的自然环境，而成为极具吸引力的景观要素。或者点布于青山绿水之间，构成重要的标志性景观。

（2）园林是一种生活境域，又是游憩环境。其本身就是园林内重要景物和观赏对象，有时往往是局部景区的构图主题和中心，具有使用和观赏的双重作用。

（3）山水构成园景的骨干，而欣赏山水景观的位置往往在建筑内。建筑既是被观赏对象又是观赏点。不仅满足使用要求，还要创造好的观景条件。因此，建筑的选址、视线与空间、景物的关系都很重要，作为观赏对象或景物，建筑必须配合山水环境，因地制宜，"宜亭斯亭、宜榭斯榭"。

（4）上述环境功能和景观要求园林内建筑布置灵活、不拘古制"五间三间为率"，应是"量地广窄"、一间半间亦可。此外，园林建筑形式变化繁多，虽然样式、材料、构造均与当时当地的建筑技术条件有关，但其变化和组合的丰富性远远超过同时期的其他建筑，并形成分别代表南方清新雅致和北方富丽堂皇的不同的园林和建筑风格。

（5）园林建筑的种类也很多，适合不同的观赏或使用功能，其中亭廊榭舫造型精巧、玲珑多姿，极大地丰富了园林建筑的形象，也赋予了古典园林鲜明的景观特色。

2. 武夷风格与风景建筑理论

风景建筑学是美国中央公园的设计师奥姆斯特德于1858年首先提出的，他表达出这个学科在设计、规划上与建筑、城市的关系，而不限于花园本身，为风景建筑学的发展奠定了基础。

风景建筑学的核心内容源自麦克哈格，他在《设计结合自然》书中阐述了：人与自然环境不可分割的依赖关系，大自然演进的规律和人类认识的深化。他寻求的不是武断的硬性设计，而是

4　单军. 批判的地区主义批判及其他[J]. 建筑学报, 2000（11）：24

5　姚红梅. 关于"当代乡土"的几点思考[J]. 建筑学报, 1999（11）：52

6　陈从周. 说园[M]. 上海：同济大学出版社, 2002：73

最充分地利用大自然提供的潜力，把生态原理运用于实际的规划设计中，提出如何适应自然，创造人类生存环境的可能性和必要性。当今的风景建筑学专业开拓了生态资源保护、探求人与自然伙伴关系的新领域，寻求与自然建立一种和谐、均衡的整体关系，此探索始终体现在风景建筑学的发展趋势中。

中国传统园林是伟大的，但其对我们的影响和束缚太深，程式化的观念太多，学科理论的深度和广度进展缓慢，研究范围狭窄，缺乏系统理论体系及运用现代技术进行科学理性的分析和评价，缺乏对现代及未来风景建筑学学科发展的思考，停留在古典园林的诗情画意及园林美学已不能满足现代发展的需要。

武夷风格从总体特征到细部构造，都体现出上对生态环境的自觉适应、下对人文的亲切关怀。武夷风格的发展历程，给我国的风景建筑学发展提供了有益的启示。它证明了中国风景建筑学有着广阔的空间，对创造人类理想的生存环境，实现人与自然的和谐共生，把握历史机遇，以及中国风景建筑学的发展极具现实意义。

5.1.3 武夷风格与现代及后现代主义建筑理论

武夷风格是现代主义的一部分，同时也在诸多方面受到后现代主义的影响，它是每一个时期都积极吸取外界最新设计思想，并将有利的因素迅速融入自身的设计成果。

7、8［英］贝维斯·希利尔，凯特·麦金太尔.世纪风格[M].林鹤，译.石家庄：河北教育出版社，2002：2

1980年代初，武夷风格形成的时候，国际上正经历了以波普、迷幻式、朋克为首的"风流放浪的1960年代、玩世不恭的1970年代"[7]。那是对现代主义古板和国际式的反抗和讽刺。而后进入"雅痞""后现代""新千年"[8]的时代，同时国内也正进入"文革"后的反思阶段，学术界创作的繁荣正积极酝酿，反对千篇一律的呼声也更高涨。1990年代武夷风格进入后发展阶段以后，更是广泛吸收后现代的最新文明成果。

1. 武夷风格与现代主义建筑理论

现代主义是从建筑设计发展起来的。现代建筑在19世纪末和20世纪初产生以来，就坚持面向大众的基本立场。为了改变传统的、昂贵的建筑材料和建设方法，它毅然采用了工业建筑材料，比如水泥、玻璃、钢材等，大幅度地降低了建筑的成本。同时，还改变了建筑的基本结构和建筑方法，采用大量预制件、现场组装等方式。为了降低成本和达到新时代面貌，现代主义完全取消装饰，实现奥地利建筑家阿道夫·路斯(Adolf Loos)提出的"装饰即罪恶"原则。在形式上，出现了简单的立体主义外形，色彩基本是白色、黑色为主的工业化的中性色，建筑由柱支撑，全部采用幕墙结构，功能主义的基本原则，成为一种单纯到极点、"少则多"、冷漠而理性、立体主义的新建筑形式[9]。因此，我们可以把现代主义的形式特点简单总结如下：

9 王受之.世界现代建筑史[M].北京：中国建筑工业出版社，1999

（1）功能主义特征。强调功能为设计的中心和目的，而不再是以形式为设计的出发点，讲究设计的科学性，重视设计实施时的科学性、方便性、经济效益性和效率。

（2）形式上提倡非装饰的简单几何造型。受到艺术上的立体主义影响，具体有以下几个方面，即 ① 六面建筑，② 幕墙架构，③ 标准化原则，④ 反装饰主义，⑤ 中性色彩计划。

（3）具体设计上重视空间考虑，室内采用自由空间布局，尽量不设计分隔空间的场面，特别强调整体设计，基本反对在图板上、在预想图上设计，而强调以模型为中心的设计方式。

（4）重视设计对象的费用和开支，把经济问题放到设计中，作为一个重要的因素考虑。从而达到实用、经济的目的。

可见，武夷风格从主体材料、技术到功能主义，再到对空间的关注等，都是架构在现代主义理论基础之上的。同时也要看到，武夷风格作为我国地域建筑的先锋，其出发点已经流露出对国际主义方盒子、千篇一律的反叛。同时武夷风格利用生土材料和当地技术，充分考虑经济问题，并没有掉入"雅痞"[10]的奢侈陷阱。

2. 武夷风格与后现代主义建筑理论

后现代主义在建筑上是特定的一种风格运动，时间从1960年代末到1990年代初期，目前基本处于衰退阶段。它具有明确的风格特征、时间限度、具体的代表人物和理论体系。

如同建筑设计上的现代主义一样，建筑上的后现代主义也是从建筑设计发展起来的。从意识形态上看，设计上的后现代主义是对于现代主义、国际主义设计的一种装饰性的发展，其中心是反对密斯的"少就是多"的减少主义风格，主张以装饰手法来达到视觉上的丰富，提倡满足心理要求，而不仅仅是单调的功能主义风格。设计上的后现代主义大量采用各种历史时期的装饰并加以折中处理，打破了国际主义多年来的垄断，开创了新装饰主义的新阶段。

理论家约翰·沙克拉(John Thackara)在他选编的论文集《设计：现代主义以后的设计》中，对于现代主义设计所遭遇的问题提出了他的看法。他认为现代主义到1960年代末期、1970年代初期遇到两个方面的问题：第一是现代主义设计采用同一的设计方式去对待不同的问题，以简单的中性方式来应付复杂的设计要求，因而忽视了个人的要求、个人的审美需要，忽视了传统的影响，这种方式自然造成广泛的不满。第二是过分强调设计专家的能力，认为专家能够解决所有的问题，可以对付千变万化的设计要求[11]。这种把专家的作用、专家的经验和知识、专家对于复杂问题的判断能力过高夸大的方式，在新时代、新技术、新知识结构面前显得牵强附会。这两方面的问题，是促成新设计、反对现代主义、反对国际主义设计运动产生的主要原因。

武夷风格，如九曲宾馆在设计方法上的创新正是对上述第一个问题的纠正，如前文中所述的"绿色混凝土屋顶"的做法，设计者在施工图上这样写道："颜色、材料配比，现场试验，会同设计人员，甲方有关人员认可后定……"另外，武夷风格本身就是设计专家与本土建筑师共同合作的成果，如天游观，齐康教授在其作品集中特意强调："该工程在杨老创作构思的基础上，由蔡冠丽完成施工图，薛月月匠师做了丰富多彩的屋顶及檐部处理。匠师现已仙逝，他最后的匠意留在了人间。这座建筑可谓是民间赤脚建筑匠人与建筑师的合作之作。"[12]而有名的幔亭山房、碧丹酒家、武夷山庄等也到处闪烁着民间匠师的智慧。这些都有意无意间呼应了后现代主义的设计思想。

沙克拉提出，设计在新时代中具有新的重要含义。武夷风格以现代手法表达传统意蕴，是一个

10 ［英］贝维斯·希利尔，凯特·迈金太尔.世纪风格［M］.林鹤，译.石家庄：河北教育出版社，2002：2

11 ［英］约翰·沙克拉.设计：现代主义之后的设计［M］.卢杰，朱国勒，译.1995

12 齐康.齐康建筑设计作品系列7：武夷风采［M］.沈阳：辽宁科学技术出版社，2002：11

成功尝试。其设计本身表达了技术的进步，传达了对科学技术和机械的积极态度。同时旗帜鲜明地把今天和昨天本质的不同划分开来。设计是以物质方式来表现人类文明进步的最主要方法。而现代主义、国际主义设计必须变化来应付新的需求。

另外，武夷风格也体现出狭义后现代主义的部分典型特征：

第一个是它的历史主义和装饰主义立场。如九曲宾馆、武夷山庄、碧丹酒家等对传统民居装饰构件的符号学应用（图5.1），而所有的后现代主义设计家，无论是建筑设计师还是产品设计师，都无一例外地采用各种各样的装饰，特别是从历史中吸取装饰营养，加以运用，与现代主义的冷漠、严峻、理性化形成鲜明的对照。

第二个特征是它对于历史动机的折中主义立场。武夷风格并不是单纯地恢复历史风格，如果是单纯恢复历史风格，充其量不过是历史复古主义而已。而是采用后现代主义对历史风格抽出、混合、拼接的方法，并且这种折中处理基本建立在现代主义设计的构造基础之上。

第三个特征是它的娱乐性和处理装饰细节上的含糊性。娱乐特点是后现代主义非常典型的特征，大部分后现代主义的设计作品都具有戏谑、调侃的色彩（图5.2）。

图 5.1 九曲宾馆望楼

图 5.2 九曲宾馆外雕塑的戏剧化处理

如果说，武夷风格是后现代主义的试金石的话，那么后现代主义及现代主义便是武夷风格的理论基础。后现代主义的另外一个理论家肯尼思·佛兰普顿(Kenneth Frampton)结合现象学理论，提出了"地方主义"理论。他认为传统建筑，特别是民俗建筑是针对特定地点而发展出来的建筑体系，具有功能、结构和形式上的合理性。特别是在处理一些具体因素，如通风、采暖、保温、采光等方面具有非常良好的特点。因此，不能够简单地否定地方风格，因为地方风格是依地点、具体的地理情况和人文情况发展起来的。后现代主义中有部分人重视民俗建筑就是出于这个理论的考虑[13]。

正因为地方主义理论的发展，后现代主义建筑理论对批量化工业生产建筑持有反对立场，原因是因为工业化批量生产不考虑具体的建筑地点、条件、地理情况等而导致建筑千篇一律，用同样的模式企图解决所有的建筑问题。

5.2 武夷风格的设计思想及原则

5.2.1 五宜五不宜

当年杨廷宝教授做武夷山总体规划时第一次提出全面保护、逐步开发；景区建筑宜疏不宜密，宜少不宜多；服务点要分散，不要集中，不能城市化。而后发展成"宜小不宜大，宜低不宜高，宜疏不宜密，宜藏不宜露，宜淡不宜浓"（"五宜五不宜"）建筑原则。而后在社会上广为流传，又出现了"宜小不宜大，宜低不宜高，宜疏不宜密，宜藏不宜露，宜土不宜洋"的说法。总之，在一般意义上"五宜五不宜"被看作是武夷风格的设计原则和指导思想。

前文已有提及，笔者采访的陈建霖先生曾大胆提出"五宜五不宜"的不足之处，"如宜低不宜高就有问题，该高的时候就高嘛！"这引起了笔者的思考：武夷山庄新建的大王阁、九曲宾馆的望楼、武夷风情商苑的圆形塔楼的确都有突然高起，法无定法，虽然处在风景区，却不一定是"宜低不宜高"。此外，武夷宫景点几乎所有建筑屋顶都采用红色瓦片，与青山绿水之间很难说是"宜淡不宜浓"。难道当年杨廷宝先生没有想到这一点吗？

几经思索和考证，笔者找到了答案。首先，"五宜五不宜"所强调的是"宜"而非"只能怎样不能怎样"，这说明杨老当初也是留有余地的。其次，查阅杨老生前的论述便会发现，杨老这"五宜五不宜"其实强调的都是关于当年如何保护风景区环境的，如杨老在谈到风景区特点的时候曾说道："风景区的建筑要考虑与地区的环境相协……我恨不得想在景区就用树枝子盖房子，使之更融合于自然。要是我在这种自然环境里设计风景建筑，我是不喜欢走康庄大道，但也不愿踏在动摇的石头上……我们的设计不要搞得太过分，还是要符合山清水秀这个要求。"[14]再次，从齐康教授的论述中我们还能发现另外一条线索，齐先生回忆1979年随杨廷宝老师来到武夷山考察风景区，杨老挥笔题诗"桂林山水甲天下，武夷风景胜桂林……"的时候，曾经解释道："这是杨老对桂林建了一批与环境不相协调又无地方风格的建筑颇为不满而作，表达了一位老人对风景建筑环境的看法。他在讨论风景区规划时提出了景点的建筑'宜低不宜高、宜散不宜聚'的创作设计原则，成为

13 王受之. 世界现代建筑史 [M]. 北京：中国建筑工业出版社，1999：317

14 齐康（记述）. 杨廷宝谈建筑 [M]. 北京：中国建筑工业出版社，1991：49

15 齐康. 齐康建筑设计作品系列7：武夷风采 [M]. 沈阳：辽宁科学技术出版社，2002：9-10

我们遵循的指导思想。" [15]据此，我们可否推断这"五宜五不宜"是否也是针对当时全国其他地方与环境不相协调的风景建筑而提出的呢？

综上所述，"五宜五不宜"作为武夷风格的设计原则和指导思想并非是不合时宜的教条，我们应该结合彼时彼地的状况认真体会其真正的用意。萧默教授后来对"五宜五不宜"的评述比较客观中肯："五宜五不宜的意义在于，当推土机全国上下肆虐之时，它强调设计要结合自然，保护原有的地形、地貌；当全国盛行高层旅馆之时，它从传统的乡土民居中寻找创作的源泉。它自觉寻找建筑与所处地域自然和文化的双重联系，建筑以虚怀若谷、谦虚退让的姿态，隐藏于武夷山瑰丽神奇的自然风景之后，也因此成了武夷山秀丽风光的一部分，'托体同山阿'，更加隽永，更加深远。" [16]

16 萧默. 中国建筑艺术史[M]. 北京：文物出版社，1999

5.2.2 整合设计原则

赫尔佐格教授曾总结自己设计中最大的特色就是整合设计："现在逐渐为人们所熟悉的'整合设计'，对于我们来说，是多年来非常普通的一种工作方法。"赫尔佐格教授的建筑设计是一种研究型设计。他的整合设计方法主要强调两方面的内容：相关学科专业人员全过程介入建筑设计；设计阶段性成果递进性衔接。如前文中关于后现代主义特征的例子，武夷风格的设计方法与赫尔佐格有许多相似之处。

然而，本书欲表述关于武夷风格的整合设计还不止于此。

整合的概念来自地理学，地理学的"整合"强调地层的"连续性"。

整合设计是对建筑环境的一种改造、更新和创新，即以创造人们优良生态环境、人居环境为出发点的一种调整，一种创新的设计和建造。宏观上是自然和人造环境的整合，又是人造环境本身的调整，它是一种建设活动。整合的目的是改善和提高环境质量，它是一种手段和方法，是策划、设计，是一种行动，从某种意义上讲又是从环境出发对人生理、心理的调整[17]。

17 刘芳. 高层公共建筑底部空间与场地环境整合设计研究 [D]. 大连：大连理工大学，2004

1. 武夷风格的整合设计原则

1）整体性原则

整体性是指区域环境中各种关系的组合，建筑、交通、开放空间、生态系统、文化传承等因素相互交织，是一种整合状态的系统设计。武夷风格的整体性设计既是对设计过程的表述，也是对设计内容的表达，体现在结构和形态方面的整体性。

（1）结构的整合

结构是组成要素按一定的脉络和依存关系连接成整体的一种框架。建筑与场地环境的整合要形成一定的关系才有存在的意义，外部环境才能体现出一定的整体秩序。整体性原则正是立足于环境结构的协调，并使建筑与其所处环境的整体框架相契合，建立建筑空间与场地环境各层面整合的整体秩序。

（2）形态的整合

形态是空间环境结构具体体现的重要组成部分。空间环境的形态具有相对完整性，出色的外部环境具有的富于变化的统一美的表现在于整体价值，空间设计要形成与场地环境整体的空间形态，保证建筑空间、形式的统一。新建筑能否融合于场地环境中，在于构成是否保持和发展了环境的整体性。

2）连续性原则

连续性原则是指建筑空间及其场地环境的各个要素从时间上联合成一个整体，体现建筑及其场地环境构成要素经历过去、体现现在、面向未来的演化过程。武夷山庄几经扩建，前后过渡得天衣无缝，并在空间流线上取得了意外的丰富效果（详见第四章）；九曲宾馆在止叙寮原址上重建，也在历史文脉的连续性上下足了功夫（详见第三章）。

（1）时间的连续性

就时间的特性，场地环境是动态发展着的有机整体。建筑及其场地环境把过去及未来的时间概念体现于现在的整合设计中。随着历史的演进，新的内容会不断地叠加到原有的外部空间环境中，通过不同时间内容的增补与更新，得以不断地调整结构以适应新时代。这种时间特性使建筑空间形态在场地环境中表现出连续性的特征。建筑与整合设计应体现连续性特征及动态的时间性过程。因此，建筑形态的产生不是偶然的，它应与既存环境有着时间上的联系，是环境自身演变、连续的必然。

建筑设计要重视环境的文脉，重视新老建筑的延续。建筑形式的语言不应抽象地独立于外部世界，而必须依靠和根植于周围环境中，能引起对历史传统的联想，同周围的原有环境发生共鸣，从而使建筑在时间、空间及其相互关系上得以强调自身的延续性。

（2）形态的连续性

外部环境的形态具有连续性的特征，加入场地环境的每栋新建建筑在形式上应尊重环境，如武夷山庄的一期、二期、三期工程以及最新扩建的大王阁，强调历史的连续性。其形态构成与先存的要素进行积极对话，包括形式（如体量、形状、大小、色彩、质感、比例、尺度、构图等）上的对话，以及与原有建筑风格、特征及含义上的对话，如精神功能表现以及人类自我存在意义的表达等。历史不是割裂的，而是连续的，场地环境中的建筑空间形态的创造也应当体现这种形式与意义的连续。

3）开放性原则

开放性原则是武夷风格公共建筑空间最本质的原则，它决定了场所的性质。凯文·林奇曾在他一系列的著作中详细研究了设计形式和社会的关系，进而指出开放空间在设计时应考虑到的功能：包括应该扩大个人选择的范围，让人有更多体验的机会；给予使用者更多对空间的掌握力；提供更多改变原有社会刻板经验的机会，以刺激感官体验；扩展人们对新事物的接纳程度；并通过空间的开放，供各社会阶层的混合，强化空间意象，它强调了开放原则对行为开放性的关注。

行为上的开放性与形式上的开放性紧密相关。行为上的开放性包括可进入性和易于参与性，这自然涉及在形式上涉及的可达性与可感知性。可达性是指在形式、空间的组织上，外部空间和建筑空间具有相当的开放度，不受建筑主体功能的约束，不受管理上的限制，可随意进入，可随时使用、参与。可感知性是指在视觉上、感受上能给人们该空间是公共开放空间的信息，以易于人们参与其中。

4）人性化原则

"一幢单独的建筑，它的外形并不重要，重要的是社会生活，对人们生活的影响。"贝聿铭的这句名言揭示了建筑的内涵，任何建筑都是为人使用的。其根本意义即在于为人类提供适宜的生存环境。"人"是万物的尺度，建筑设计必须以"人"为核心来思考一切事物。因此，在环境营造中必须更大程度地实施"人性化"空间环境设计。实际上，武夷风格对区域环境和整体文脉的注重都是以追求"人性化"空间为目标的。

时代是前进的，"人性化"的建筑空间是永恒的。正如日本建筑师桢文彦所说的，"建筑的最远目标是创造为人类服务的空间，为此建筑师必须站在历史、生态学的角度理解人类活动。必须懂得人类活动和建筑空间的关系，并不断前进"。

5）生态化原则

工业革命后的现代城市，人居环境从自然的极端走到人工的极端；钢筋混凝土高楼林立，柏油马路硬质地面；绿地、水面减少且常常被践踏、污染。城市越来越大，人口拥挤且离自然越来越远。为了摆脱困境，人类正努力寻求一条与自然更为协调的可持续的发展道路，即生态道路。

清华大学的吴良镛教授提出了："人居环境首要的、最普遍的元素是自然，尽管人们不生产自然，但有责任视之为一个有组织的系统。"人与自然接近是人性的基本要求之一，特别是在高度信息化、智能化的今天，人们渴求回归自然的愿望就更加强烈。因此，在武夷山地区实施"建筑结合自然"具有绝对的必要性。风景区建筑与人和自然更为接近，其同城市空间、地形地貌、风土文化、绿化和生态的结合大有文章可做。尤其在结合绿化和生态方面，应把室内外空间进行统一考虑，把建筑与绿化、建筑和生态融为一体，并将其作为建筑设计的主要内容。

6）立体化原则

建筑及其外部空间立体化，即空中、地面、地下的立体开发是当代武夷风格空间建构的重要手段之一，它可以解决交通空间与人们的活动空间相互交融的问题，从而保证建筑及其外部空间的良性发展。如武夷山庄上下跌落的水庭院及其设置的独立餐厅服务出口都是立体化原则的生动体现。

5.2.3 天人合一的设计思想及可持续发展原则

1. 武夷风格与天人合一的设计思想

武夷山素有"千载儒释道，万古山水茶"的美称。武夷风格是在自然与文化的双世界遗产地武夷山的环境下成长起来的，不能不受到传统"天人合一"思想的影响。

天人合一是中国人最基本的思维方式，具体表现在天与人的关系上——人与天不是处在一种主体与对象的关系中，而是处在一种部分与整体、扭曲与原貌或为学之初与最高境界的关系之中。主要有道家、儒家、佛教三家观点。

道家提出"人法地，地法天，天法道，道法自然"[18]，明确把自然作为人的精神价值来源。在人与自然的关系上，主张以"无为"为宗旨，返璞归真。道家的思想直指现代社会在环境问题上的病根。人类在征服自然、开发自然、利用自然方面一直是主动者，但在环境问题上，人类却是被动者，只有当人类切切实实地受到了来自自然的惩罚和报复，只有当人类对环境的破坏使自然反过来威胁到人类生存的时候，人类才不得不认真地面对生死攸关的环境问题。可以说，在以往的历史中，人类只是在与自然的对立上是主动者，而在人与自然的和解上则是被动者。

"大同"社会是道家所主张的"无为"而又"无不为"的理想状态。道教的这种思想，深深影响了后世人们的生活方式，使人们向往和追求田园诗般的生活，然而人类文明发展的过程便是有为的过程，无论是人与自然的生存斗争，还是国与国的发展竞争中，人类都不得不选择"有为"。

儒家"天人合一"观念，所致思的问题是如何在"有为"的前提下实现天与人的统一并克服天与人的对立，从而提出"天人合一"的思想。这较之于道家学说，则富于现实性，更能使之引向操作和实践。但是儒家"天人合一"的哲学基础，在认识论上是"主客二分"，在价值论上则是"主客合一"，亦即"天人合德"。"天人合一"所讨论的不是人与自然的关系，而是哲学与人类学的基本问题。

综上所述，在处理人与自然的关系上，武夷风格以现代手法发扬传统"天人合一"思想，其哲学基础分别源于中国道家价值论的"主客合一"和儒家认识论上的"主客二分"。当然，对于武夷风格来说，天人合一的内涵远不止于此，如前文中的整合设计原则同样符合天人之间主客关系的原则，但是其他方面过于玄乎，本书不多做探讨。

2. 武夷风格与可持续发展理论

可持续发展是指既满足现代人的需求又不损害后代人满足需求的能力。换句话说，就是指经济、社会、资源和环境保护协调发展，它们是一个密不可分的系统，既要达到发展经济的目的，又要保护好人类赖以生存的大气、淡水、海洋、土地和森林等自然资源和环境，使子孙后代能够永续发展和安居乐业。

我国在实施可持续发展的重点领域方面，包括对经济发展、社会发展、资源优化配置、合理利用与保护、生态保护和建设、环境保护和污染防治及能力建设等。

如果说天人合一代表传统的自然观，那么可持续发展理论则是现代自然观的核心。后者比前者更具科学性、条理性和清晰性，并且更具广度和深度。武夷风格是传统与现代的整合。针对可持续发展中某些方面，武夷风格通过行动对社会有一定的昭示作用。如对武夷山风景环境的保护，对古城砖的循环利用，对屋面材料的生态化处理，对生土材料技术的合理配置等。

5.2.4 传统建筑中"因"的妙用

《说文解字》上解释道："因者，就也。"[19]现代衍生出缘故、因为、沿袭、依据、犹如及姓氏[20]等字义。

19 ［汉］许慎. 说文解字[M]. 上海：中华书局，1977：125

20 辞海 [M]. 上海：上海辞书出版社，1977

侯幼彬教授在《中国建筑美学》中将"因"定义为"中国建筑的'物理'理性",物理理性涉及的是对自然法则、事物的客观法则的认识和尊重,必然表现出对"因"的高度强调。书中指出:所谓"因"就是强调从客观实际出发,按照事物的客观规律办事。这也是物理理性的精神实质。

这种精神实质源于《管子》书中的"因势论",因势论是我国传统理性精神的集中体现,它贯穿于建筑活动的各个领域,渗透于建筑创作的各个层面。《中国建筑美学》书中将其总结为三个方面:一是环境意识中的因地制宜思想;二是构筑手段中采用的因材致用做法;三是设计意匠中综合体现的因势利导特色[21]。

21 侯幼彬. 中国建筑美学[M]. 北京:中国建筑工业出版社,2009

武夷风格在上述三点里都有一定体现,所不同的是:

(1)环境意识中的因地制宜思想方面,武夷风格吸取传统风水中天人合一的环境意识和"贵因顺势"的调试意识,却不受其迷信的玄学引导。同时具有园林中文人哲匠的"巧于因借,精在体宜"的环境意向。

(2)构筑手段中采用的因材致用做法方面,所谓"土木共济"中的"土"已经不再局限于传统的夯土、版筑等,而是拓展到钢筋混凝土、石料等现代材料。此外,武夷风格在"就地取材、因物施巧"方面也独树一帜,从室外到室内、从结构到细部构造,所追求的是一种整体的格调——不可替代的地方乡土风味。这也是前文中的幔亭山房、武夷山庄、九曲宾馆等声明远扬的主要原因之一。

(3)设计意匠中综合体现的因势利导特色方面,武夷风格"以物为法",将诸多制约因素巧妙有机统一起来,在组群规划、庭院布局、空间经营、景观组织、形体塑造及建筑小品设计等方面都有出色的表现,可以说是继承了传统建筑设计思想的精华。1990年代以来的景区大门、华彩山庄等建筑,已经将关注的重心转移到了这方面,而其构筑手段已经不再局限于传统手法了。

5.2.5 地域、文化、时代三位一体的设计思想

22 何镜堂. 建筑创作要体现地域性、文化性、时代性[J]. 建筑学报,1996(3):10

武夷风格是对建筑的地域性、文化性、时代性三位一体的成功整合。按照院士何镜堂的观点,三性相辅相成,不可分割:地域性本身就包括地区人文文化和地域的时代特征;文化性是地区传统文化和时代特征的综合表现;时代性正是地域特征、传统文脉与现代科技和文化的综合与发展[22]。

1. 武夷风格的地域性

武夷风格无疑是地区的产物,世界上是没有抽象建筑的,只有具体的地区建筑,武夷风格建筑总是扎根于具体的环境之中,根据武夷山地区的地理气候条件、地形条件、自然条件,以及地形地貌和已有的建筑地段环境及相关的历史人文环境,因地制宜、因势利导。

23 齐康. 意义·感觉·表现[M]. 天津:天津科学技术出版社,1998:24

正如齐康教授对武夷山庄的评价一样:"武夷山庄的设计是城市建筑文化吸取了乡村建筑文化,其建筑风格绝不是单纯民居的形式,因为在同一层次上,只有一种向地方风格的吸取和交汇,一种对地方风格的强化而已。"[23]

2. 武夷风格的文化性

建筑具有双重性，武夷风格也不例外。它既是物质的财富，又是精神的产品；它既是技术产物，又是艺术的创作。一座优秀的建筑，其精神内涵的作用常常超越功能的本身。建筑作为一个文化形态，它既是人类文化大体系的一个组成部分，又与社会经济、科学技术、政治思想息息相关，各种观念，无时无刻不在制约着建筑文化的表达和发展[24]。

3. 武夷风格的时代性

按前文所述，武夷风格用现代手法传递历史信息，延承历史文脉，它架构于现代主义理论，又深受同时期后现代主义各种先进思想文化的影响。武夷风格的创作适应当今时代的特点和要求，用自己特殊的语言，来表达时代的特征，表现这个时代的科技观念，揭示思想和审美观。

齐先生也强调"风格总是要合乎时代性即现代建筑的理念"[25]，"现代"指的是功能合理，"现代"两个字，最重要的是它的内在精神，是现代主义的精神。也就是人类自古以来在建筑中所运用的共通要素，诸如尺度、比例、材料、色彩细部、空间的利用，空间的程序都是和以人为本的时代的契合。武夷风格的精神内涵也逃不出现代主义的思想框架。

5.3 对武夷风格的思考

"说者无心，听者有意"，当初武夷风格的创造者们或许并没有将笔者今天所思考的"和""真""无"三方面纳入其设计范围，但是按照前文论述，武夷风格作为一个历史现象有其偶然性也有其必然性。笔者认为偶然性主要来自人为因素，必然性则来自其不可更易的自然环境，在自然环境下长时期积累下来的历史文化也是相对稳定的因素，故也可纳入必然性的因素之一。"和""真""无"正是笔者对这部分"必然性因素"的思考，也是从哲学角度对武夷风格的总结，仅供读者参考。

5.3.1 "和"

"和"是中国哲学思想核心，和而阴阳相调、和而五行共生；"和"是儒家的中庸之道、道家的天人合一、佛家的中道妙理；"和"是中国佛、道、儒三家思想的融合。武夷风格创造者之一的齐康教授所思考的"平衡"也是一种"和"——"平衡是在人类生存、生活、创造三个层面上的。平衡是可持续的条件。观念不断更新也有利于时代的稳定，为国家和人民获得最大的经济利益。艺术是人和自然的中介"[26]。

武夷风格身处"千载儒释道，万古山水茶"的武夷山，在用现代手法继承并发扬传统建筑手法和思想文化内涵的过程中必然受到武夷山本土深厚的文化底蕴的影响。

武夷风格的"和"是多方面的，从前文中可以看出，"和"的思想内涵几乎渗透到武夷风格的各个方面。如传统与现代的折中处理谓之"和"；外来文化与本土文化的融合谓之"和"；后现代主义建筑多元共生谓之"和"；前文中的整合概念、"天人合一"，以及人、建筑、自然的协调共

24 何镜堂. 建筑创作要体现地域性、文化性、时代性 [J]. 建筑学报, 1996（3）：10

25 齐康. 地区的、现代的新建筑 [J]. 江苏建筑, 2003（S1）：2-5

26 齐康. 地区的、现代的新建筑 [J]. 江苏建筑, 2003（S1）：2-5

生谓之"和"；建筑的时代性、文化性、地方性的整合谓之"和"；以及混凝土、石料与木材的搭配处理谓之"和"等。

5.3.2 "真"

国人不轻易言"道"，而一旦论道，则必执着于"道"，追求于"真"。庄子认为，"真者，所以受于天也。自然不可易也。故圣人法天贵真，不拘于俗"[27]，在老庄哲学中，"真"与"天""自然"等概念相近，"真"即本性、本质，所以道家追求"抱朴含真""反璞归真"，要求守真、养真、全真。

"真"是参悟、透彻、从容、圆寂，是此岸与彼岸的对话、主体与客体的对照。武夷风格作为"风格"的一种，本身就应该"真"。正如前文歌德的名言"风格则奠基于最深刻的知识原则上面，奠基在事物的本性上面，而这种事物的本性应该是我们可以在看得见触得到的形体中认识到的"[28]。

武夷山素有"真山水、纯文化"之称，武夷风格也不自觉地受到"真"的影响。如浓厚地道的乡土气息本是一种反璞归真，谓之真；对历史文脉诚恳的继承，谓之真；空间格局如实反映区域场所特征，谓之真；对本地材料的因物施巧，谓之真等。相对于中国其他地方风格来说，"真"是武夷风格最大的特色。

5.3.3 "无"

"无"是历代禅僧常书写的一个字，禅宗五祖弘忍在将要传授衣钵之前，曾召集所有的弟子门人，要他们各自写出对佛法的了悟心得，谁写得最好就把衣钵传给他。弘忍的首座弟子神秀是位饱学高僧，他写道：

身是菩提树，心如明镜台。

时时勤拂拭，莫使惹尘埃。

弘忍认为这偈文美则美矣，但尚未悟出佛法真谛。而当时寺中有一位烧水的小和尚叫作慧能也做了一偈文道：

菩提本无树，明镜亦非台。

本来无一物，何处惹尘埃。

五祖弘忍认为"慧能了悟了"，于是当夜就将达摩祖师留下的袈裟和铁钵传给了慧能，后来慧能便成了禅宗六祖。慧能的了悟在于他参透了佛教三法印，明白了"诸性无常，诸法无我，涅槃寂静"的真谛。只有认识到世界"本来无一物"，才能进一步认识"无一物中无尽藏，有花有月有楼台"。只有了悟了"无"的境界，才能创造出"真"的境界。

武夷风格的"无"，是一种设计手法的"无"。因为设计是一个"暗箱操作"的过程，个人的设计手法千变万化，不同人之间更是难以言尽，故武夷风格有"无"固定的设计手法。

武夷风格的"无"还表现在其"使用性质、功用的演化、在进步。数量上，新的在不断地增加，旧的在不断的减少，一种新陈代谢"[29]。如齐康教授在谈到创作的构思方法时，认为"所谓约定俗成不仅表现为社会性、艺术性，而且在一定程度上表现为科技性，归结起来最终它是在新的时空结构条件下的一种观念的突破，一种构思的突破，又是手法的突破。波特曼的'共享空间'是对社会生活在内部空间处理上的突破，查理穆尔的意大利广场将建筑组成反映故国社会情趣的一部分，当作文脉的延续，也是一种突破。武夷山风景建筑的设计，实际上是利用民间形式表达地方文化，是加强和维护地方文化概念的一种突破。"[30]这种突破实际上是演化的一部分，是"无"的表现。

从某种意义上讲，"无"是武夷风格艺术创作的源泉，也是其不断发展的动力。

5.4 武夷风格的启发和展望

5.4.1 武夷风格的话题思考

从开始写作之初，笔者便有一个困惑，武夷风格里的所谓"风格"与以前听说的"巴洛克风格""解构主义风格"以及无数学者讨论过的"风格与流派""风格与时代""风格的特征"等似乎不太一样，又似乎有许多共通之处。

最后，在导师刘塨教授的帮助下，笔者解开了疑惑——武夷风格是在实践过程中，为学术界及老百姓所认可的一种建筑文化现象，对于历史认知来说，具有诸多成功因素与内涵。将武夷风格作为一个历史现象来研究是有必要的、可行的。而关于风格，导师点道："要看看，但是不要太多。"那是因为武夷风格中的"风格"本来就是风格中的一种，它具有一般"风格"的正常特质，但是研究武夷风格的重心不应该是风格，而是其内容、特征等。

由此可见，研究各种事物现象，要科学地看待其内容和价值等。正如首都经济贸易大学黄津孚教授所说："学位论文必须是有价值的知识产品。"[31]

5.4.2 武夷风格的品质和定位

武夷风格创造出一系列的优秀作品，从学术上看，设计者的智慧与才华处处可见，其作品无疑是一笔宝贵的文化财产。但是纵观武夷风格的发展历程，其间也充满了种种辛酸，笔者于2006年年初在武夷山调研时发现，在有名的武夷风格建筑中，除了武夷山庄之外，其余项目不少因经营不善，或者倒闭关门或者改作他用。如九曲宾馆、幔亭山房现已经人去楼空，碧丹酒家也改做个人美术收藏馆了。

结合前文中的调查问卷，从品质上说，武夷本地建筑师和多数老百姓认为幔亭山房不比武夷山庄"差"，可是从实际经营状况来看，却是相反的状况，值得深思。笔者认为这种现象的缘由在于二者的"定位"不同。

定位本是市场营销理论的概念之一。在经历了1950年代以来的"产品时代"，以及后来美国的大卫·奥格威提出的"形象时代"之后，国际营销界进入了"定位时代"[32]。20世纪末，我国进

29 齐康. 地区性、现代的新建筑 [J]. 江苏建筑, 2003 (S1): 2-5

30 齐康. 意义·感觉·表现 [M]. 天津: 天津科学技术出版社, 1998: 24

31 黄津孚. 学位论文写作与研究方法 [M]. 北京: 经济科学出版社, 2000: 1

32 [美] 艾里·斯, 杰克·特劳特. 定位 [M]. 王恩冕, 于少蔚, 译. 北京: 中国财政经济出版社, 2002

入了信息化时代，此时的品牌信息数量之大，已经超出我们的想象。消费者不再去辨认品牌形象如何，而是只记几个品牌。随着市场的成熟和稳定，人们只记住两个品牌，购买时选择其一。定位理论开创者杰克·特劳特称其为"二元法则"，比如可乐界的可口可乐与百事可乐，牙膏界的高露洁与佳洁士，等等。如何让自己的品牌占据该品类的第一、第二位置，是现代企业必须解决的问题。

幔亭山房虽然以其品质论足以担当"品牌"形象，但是其定位相对于武夷山庄来说有诸多不足之处。首先，其规模受原先两栋小洋房限制，一共才600平方米，36个床位，无法适应武夷山密集的客流量，另外还要配备健全的服务用房及设施，高成本的运作难以确保自身的良性发展。其次，其选址为了纯正的"山林野趣"而半掩于一个非常隐蔽的树林之中，致使许多人难以找寻，也就无从了解，那么其发展也无法真正受到市场的牵引。再次，其定位没有考虑到后来各种偶然的人为因素的影响，武夷山因其声名远播，来往人流纷繁复杂，对于规模不大的幔亭山房来说，各种人为的外力作用没被重视。当然，我们也应该看到，1980年代初起建造武夷风格建筑的时候，还没有"定位"的概念，幔亭山房的诸多成功之处已经是难能可贵。

综上所述，武夷风格最终作为一个社会产品实现其应有的价值，在品质上应精益求精，此外，在今后的实践当中，设计师在定位方面应当给予足够的重视。

5.4.3 武夷风格的抽象化发展

武夷风格多是对传统建筑与现代建筑风格的折中处理，当初武夷风格的标志建筑"武夷山庄"主要是以其鲜明的形象特征赢得了社会的广泛认可。武夷风格源自民居，可否再回到民居呢？现在的度假区、市区等充斥着五花八门的仿武夷风格建筑，笔者认为这不是真正的回归民居。就目前来看，武夷风格对民居的引导并不乐观。其原因有三：

第一，武夷风格并不是百姓所想象的以形式特征为主，而是重在其精神内涵，如各种装饰构件对于现代社会多数民众来说其实稍显奢侈。

第二，武夷风格注重细部构造及材料运用，而普通百姓所建房屋主要以经济效益为主导，这就造成粗劣的模仿。

第三，最令人担忧的是武夷风格的"无"的特性，百姓在地方民族感情等驱使下盲目追随此特征，造成质量粗鄙的"一边倒"现象，这与当初国内20世纪六七十年代的状况如出一辙；反之，即便是经济条件好、施工到位的个别建筑项目，也不过是单纯模仿的作品。

因此，武夷风格对民居的引导不能单靠形式上的对传统建筑与现代建筑的折中处理。那么怎样才能真正回归民居，服务社会呢？同属武夷风格的武夷景区大门、华彩山庄、武夷机场等现代建筑给了我们有益的启示——延续武夷风格并非一定要仿古形式，我们可以采用抽象化的武夷风格，发扬其精神内涵上的优秀品质，真正做到"感情的风格"[33]。那么，未来武夷风格的发展会不会选择从形式到内涵、由表及里、由量到质的抽象化之路呢？笔者认为是可行的。

33 [德]威克纳格,王元化. 诗学·修辞学·风格论[J]. 文艺理论研究,1981（2）：137-145

第六章

武夷风格的实践

前文对武夷风格依次进行了基础理论架构、典型作品介绍、特征分析以及思考总结，本章将详细介绍笔者对武夷风格的实践摸索，把研究应用到实践中，学以致用。不当之处望多海涵。

6.1 武夷山财富山庄别墅小区规划及单体设计

6.1.1 概述

财富山庄的设计一方面继承武夷风格的设计手法和理念，如吊脚楼、穿斗式结构、坡屋面的自由搭接、马头墙的灵活运用、三段式墙面等处理手法等，以及因地制宜、以人为本的设计理念；另一方面，一切从实用功能出发，在武夷风格的基础上积极探索，如对空调及落水管的隐蔽处理、对多元化构件及交通筒适应性生态技术的积极探讨等。该项目在2006年年底投入使用。小区总面积43.779亩（1亩≈666.67平方米），为丘陵地形，地表起伏高差达24.98米（图6.1）。

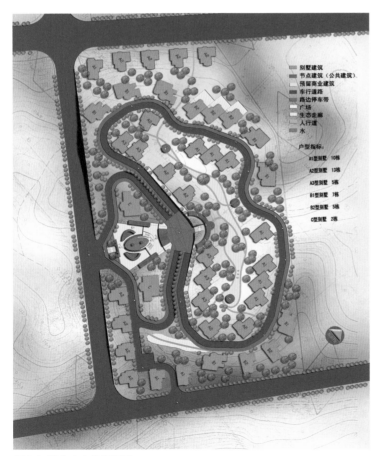

图 6.1 财富山庄总平面图

6.1.2 区位及环境

该小区位于武夷山旅游度假区东北部的两个小山丘上，紧临武夷山高尔夫球场，西南方向可以远眺大王峰以及三菇石。小区临近繁华的武夷山旅游度假区核心区，步行不超过10分钟路程，非常便捷。此地环境优美、风景秀丽，是难得的宜居之地（图6.2）。

图 6.2 财富山庄环境及景观

6.1.3 规划设计

（1）此规划设计在理念上因地制宜，充分尊重自然的地形地貌，发挥坡地起伏错落的优势，道路、公共建筑、景观、别墅等布置因山就势，强调顺应地形、融于自然。只在不得已的情况下，才对局部地形进行小规模的改造。如通过"8"字形的区内道路布置（图6.3），解决了地块高差过大的问题，尽可能将道路坡度控制在8％之内。这样，既能为开发商节省投资，又能保持地形的天然合理性。同时这也是对空间格局以及景观视线的整合(图6.4)。

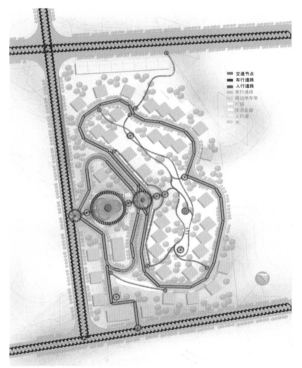

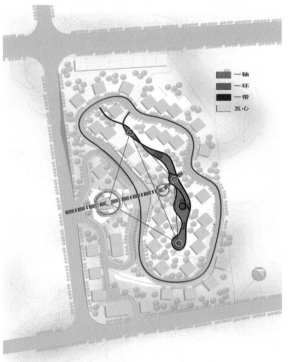

图 6.3 财富山庄交通流线分析图　　　　　　　图 6.4 财富山庄景观视线分析图

（2）主入口布置在南侧正中，人车分流。主入口是小区的形象所在，关系到小区的品质和卖点，因此景观设计浓墨重彩。主入口同时是南北向主轴线的起点，营造渐行渐高、步移景换的效果。自古佳地不可无水，因此主入口的动感水景广场是设计重点，水景增加了小区的灵性，平衡山地的阳刚，取阴阳合气的效果（图6.5）。

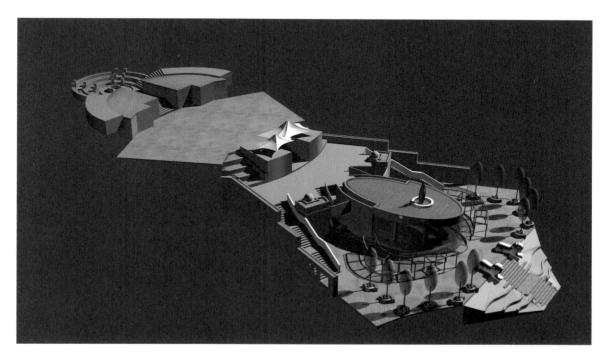

图 6.5 财富山庄主轴线鸟瞰图

（3）以人为本，沿山丘的山脊线集中布置一条东西向的带状生态走廊（与小区主轴线垂直），内设休憩设施和园林小品，这些为社区住户服务的场所和设施体现了以人为本的理念，提供了温馨休闲的公共交往的空间。

（4）强调低密度概念。别墅外形追求轻灵、朴素而又不失现代气息的武夷山地方风格，建筑、景观不追求奢华但很有内在品位和文化内涵。

（5）人车分流，车走两边人走中间。小区内的人行拥有最便捷、最自由的出行流线。人行道路两边布置各种休憩、游乐等空间及设施，或停或走、或静或闹、或紧或松、或横或竖、或气势恢宏或幽幽婉转。车则在其两旁绕过，各行其道，有条不紊（图6.3）。

6.1.4 单体设计

1. 多元化功能构件

如平台上的架子可做晾衣架也可做花架，放置空调的架子也可做花池。

2. 设备与立面处理

空调、落水管、排烟道等精心处理，使其不影响立面效果。在立面采用传统三段式处理手法，第一段用本地紫色砂岩石材，强调与大地的自然过渡；第二段白墙抹灰与第一段相辅相成显得粗犷而不失精致；第三段灰屋顶与环境相协调（图6.6）。

3. 强烈而鲜明的地方传统特色

如入口采用传统空间布局，步移景异，让人在行进当中感受空间序列（图6.7）；马头墙的特殊处理；凸窗的处理手法；屋顶的自由穿插等，都是对传统的"传承、转化和创新"。

图 6.6 财富山庄单体立面图

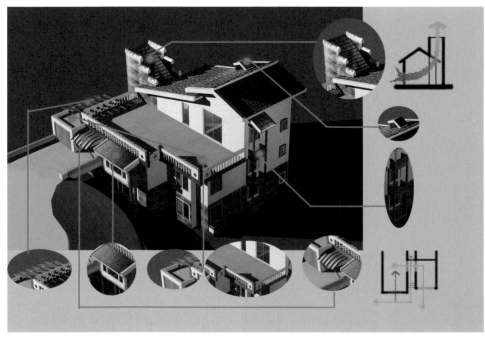

图 6.7 财富山庄户型单体解析图

4. 多平台空间

提供尽可能多的平台空间，使室内外空间相通，让住户拥有更多开敞空间。

5. 交通筒的适应性生态技术

利用高起交通筒形成竖向空间，一方面是功能和形式的需要；另一方面结合地面层的门窗，为其自发的"烟囱效应"创造条件，有利于自然通风，在需要的时候使能量可以在不借助机械的情况下得以自循环（图6.7右上角）。这也是对武夷风格的创新运用。

6.2 武夷山市岩茶城规划及单体初步设计

6.2.1 概述

武夷山市岩茶城是由笔者主创，多人合作，将武夷风格应用于城市综合体项目的尝试。设计立意源于武夷山博大精深的茶文化，将武夷茶道四谛"和、静、怡、真"结合武夷风格融入设计，规划构思将建筑沿方形基地边缘布置，留出大片集中绿地，再以大院镶套各种小院，以小院结合各自的天井、巷弄等。单体设计一方面吸纳武夷风格的精髓，另一方面结合武夷山独有的古崖居遗构进行再创造。可惜的是由于现实的原因最终该设计未能得以实现，但不失为对武夷风格从规划到单体的一次大胆尝试和突破。

6.2.2 区位及环境

岩茶城基地位于武夷山市区与风景区的中间地段，长轴呈南北向布局。地段方整，坡度平缓，原地面有小股地表径流及小面积积水为水景设计提供了天然条件。基地东临武夷大道具有良好的交通条件，为策划各类活动项目提供便利；西面武夷群山为基地提供了良好的生态及景观环境条件；东北向斜对面是武夷山机场，使得基地成为武夷山的窗口建筑群之一，也为其成为武夷山新的标志性建筑群创造先决条件，同时也对建筑群的第五界面（鸟瞰景观）提出设计要求。建筑防噪也应作相应处理。总体来说，岩茶城基地是不可多得的风水宝地（图6.8）。

6.2.3 总体规划

1. 规划目标

以"茶"为核心和主体功能布局依据，结合周边生态环境和基地独特的自然资源，以茶产品展销和茶文化交流展览等为延伸功能，意在将本综合社区发展成一个集生活、休闲、娱乐、旅游为一体的现代化茶文化交流中心（图6.9）。

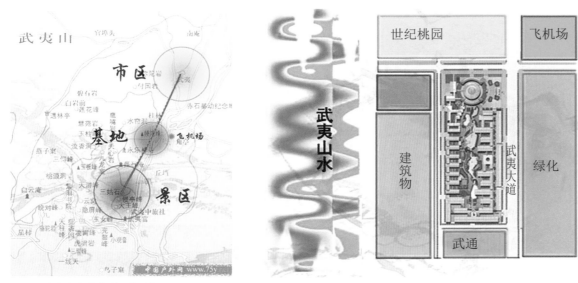

图 6.8 武夷山市岩茶城区位分析图

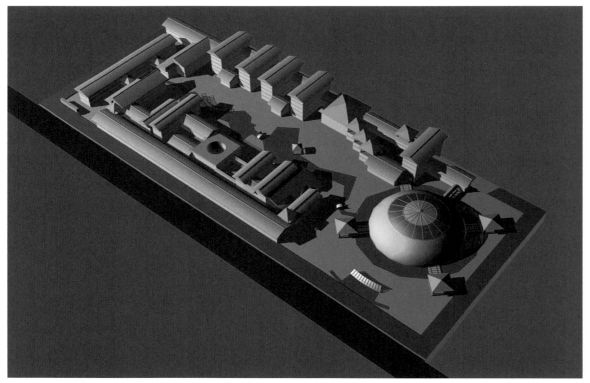

图 6.9 武夷山市岩茶城原始构思规划图

2. 规划构思

（1）尊重和发掘基地特征，采取整体而有弹性的规划设计方法，将建筑沿基地周边布置，留出集中绿地和大片水域。其原因有：①简化布局、增强可识别性及导向性；②平凡中求伟大，与茶道之壶中天地相呼应；③空间的大收大放、大实大虚及其序列的起、承、转、合都追求一种"真"；④留出大片集中绿化用地以提高生态环境质量，提高土地利用率，同时为后期建设留有活动余地。

（2）对人与车的尺度分别加以处理，流线分开设置（图6.10）。

（3）两道水源，一大一小，便于管理及后期运营。基地中间及环绕茶文化博览中心为一道水域，此水域因面积大、周边绿化多，加上原基地地下水位较高，甚至有部分地表径流，故有条件以生态技术维持自循环。另一条是沿东西两面商业街中间的人造小溪，其立意源自武夷山下梅、培田等古民居对水的利用，意在强化本地的"乡土气息"，此外，小溪与中心水域分开，并控制其水量，以减少人工维护的成本。

（4）将广场、茶文化博览中心及主入口布置在东北角，意在吸引来自飞机场的人流，并与北面世纪桃源取得联系。

3. 规划内容

（1）规划结构

规划结构为"一轴一环二心"。由南侧商业街中心水陆广场作为起点，借水系拓展出一条南北走向的生态轴，生态轴在北侧欲贯穿基地时以一大型茶文化博览中心作为点睛之笔，而基地周边则是由道路及建筑、庭院等构成的复合环形带围合（图6.10）。

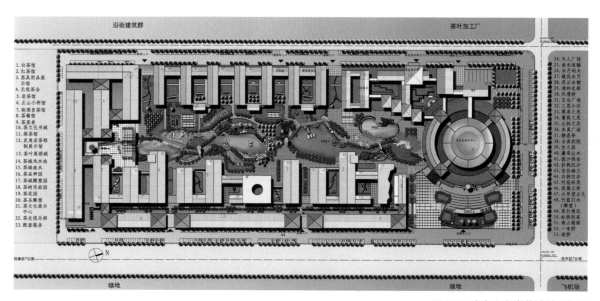

图 6.10 武夷山市岩茶城总平面图

（2）土地利用规划

规划用地分为茶都会所、茶产品展销商业带、茶文化书城、茶友俱乐部、配套服务区、水体、绿化、广场、停车场带用地及其他。

（3）道路交通规划

沿基地周边布置18米停车带把大部分外来车辆留在基地外围（消防车、送货车除外），基地内车道一律以交通及绿化广场代替。从而使得基地内形成因"静"而"怡"的茶境。基地内人流由商业带及水系引导控制，并与车流形成相对独立的系统（图6.11）。

（4）空间组织和环境景观

空间组织结合道路系统规划和建筑布局结构，同时结合绿地系统和场地布置，形成环环相扣、点、线、面相结合的空间效果，围绕南北轴中心带状水景观及绿地布局，增加建筑与水、绿化的联系。基地西面建筑较凌乱，故西侧的配套服务区高起以"屏蔽"这一不良影响。

在社区中心部分的空间组织上，强调空间序列的层次和演变，纵向绿轴结合景观水体，形成文化气息浓郁的绿化景观，在北部的圆形茶文化交流中心是整个中轴线的景观高潮，同时也作为茶城标志性建筑引导出开阔大气的城市广场空间。开放流畅的空间使绿的浓荫和水的开敞交相呼应，而商业街路边的窄长水面是整个环境序列的脉络。

整个小区的环境设计强调顺应自然——追求"虽由人作，宛若天开"的效果，在规划设计中充分结合原有地形及植物，以茶为主题布置水面、水车、花架、自助种植园、拱桥、石径、曲廊、休息广场等（图6.12）。

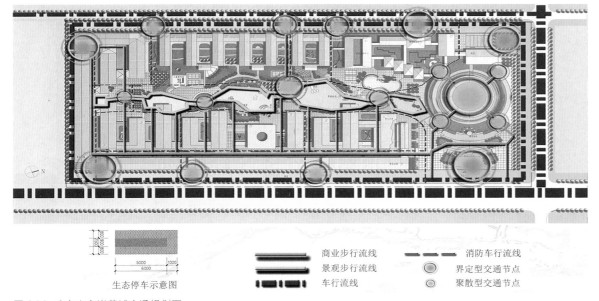

生态停车示意图

商业步行流线　　消防车行流线
景观步行流线　　界定型交通节点
车行流线　　　　聚散型交通节点

图6.11 武夷山市岩茶城交通规划图

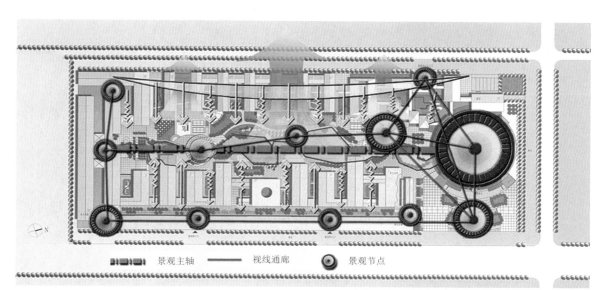

景观主轴 ——— 视线通廊 ◉ 景观节点

图 6.12 武夷山市岩茶城空间组织和环境景观

6.2.4 单体设计

1. 沿街立面概述

面对规划红线达60米宽的武夷大道，150多米长的沿街立面首先要解决的是尺度问题，既要有城市尺度的雄伟，又要有武夷风格人性化的亲和力。为此，我们在保持整齐划一的前提下对屋面稍稍打破，结合适当的覆土，还原茶山的景象，或高或低，或前或后，避免刻板，这是对城市尺度的交代；在接近于人的墙基、墙裙及吊脚楼、马头墙、门窗等细节上充分考究，这是对人的关怀（图6.13~图6.15）。

2. 茶文化博览中心概述

该单体是岩茶城极重要的部分之一，按前文所述，其作为全局的景观高潮（图6.9），又与东面开敞的广场一起担负吸引来自基地东北角的人流以及协调北边世纪桃源的作用。

方案以纯圆形平面象征"天"，结合周边环形水带象征"天一生水"，也使建筑看起来像是漂在水面上，给人似重若轻的缥缈感，这是对茶境的一种诠释。

细部及空间处理都采用传统武夷风格的手法，如坡屋顶、吊脚楼等。稍显特殊的是将锥形的"攒尖顶"夸张处理，从下到上逐渐缩小、虚化，过渡到无穷无尽（图6.16）。

此外，周边用带有"树杈"意象的异形柱（图6.17），结合传统灯笼，给人返璞归真的原始感，使人不自觉联想到武夷山最原始的民居——古崖居遗构（图2.16）。而武夷山悠远的历史文化也在此得以体现。

　　建筑内部空间设计从实用出发，寻求符合现代人文化生活的功能布局，在保证其浓郁的文化韵味的前提下充分挖掘其商业价值。观众厅室内设计考虑到视线及音响效果分布均匀，尽量避免后排视觉及音响效果不佳的缺陷。其他如疏散、空间格局等不再介绍。

图 6.13 武夷山市岩茶城次入口效果图

图 6.14 武夷山市岩茶城次中心效果图

图 6.15 武夷山市岩茶城商业街效果图

图 6.16 武夷山市岩茶城茶文化博览中心透视图

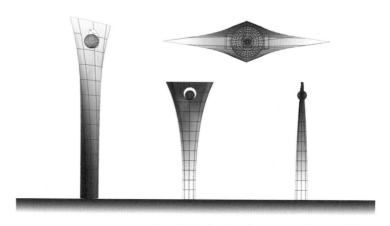

图 6.17 武夷山市岩茶城茶文化博览中心异形柱

6.3 武夷山二中入口空间设计

6.3.1 概述

　　武夷山二中入口空间设计，是笔者首次对武夷风格的抽象化运用。从其自然与人文环境立意，从地形条件着手设计。方案针对学校特殊使用要求，对人流集散及区域节点等进行了分析。

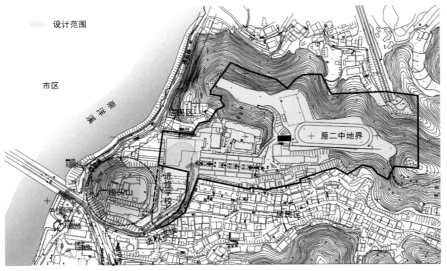

图 6.18 武夷山二中入口空间地形图

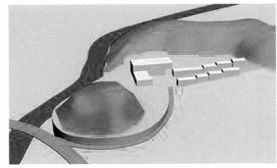

图 6.19 武夷山二中入口空间地形草模图

6.3.2 区位及环境

武夷山二中位于武夷山市城东崇洋溪畔的馒头山边，因历史原因，入口区域被原武夷山市进修学校所阻隔，建设严重滞后。现将进修学校纳入二中校区并重新建设。如图6.18、图6.19所示：入口区域主要位于两山山坳之间一块平地上，以山间平台为中心，北面是新建综合大楼及其楼前广场，大楼东侧边缘留有一过街通道（至家属区及地下停车场），其南面突出部分是大教室；东由大台阶上山（至体育场），两边分列校主要教学楼；西侧是半球形的馒头山，山脚下是碧波荡漾的崇洋溪；南面拆除原进修学校老建筑之后留出一块类似三角形的平台和进出武夷山二中学校的唯一坡道（进入校区只能绕半球形馒头山边沿坡而上）。

6.3.3 总体设计

方案针对现有的各限定因子，对大门及周边环境进行整体设计，其间使用室外空间室内化的方法，力争还原建筑的真实性。具体体现如下。

1. 轴线的处理

因历史原因及地形所限，基地形成了复杂的空间轴线体系，如何解决好各轴线关系并引导人流成为解题的关键。如图6.20所示：新综合楼主体中轴线衍生出进校主要轴线①；轴线②、轴线③、轴线④分别与综合楼主入口、过街通道以及突出来的大教室相对应；轴线⑤即东西向大台阶中心线；轴线⑥则源自西侧馒头山中心线。另一方面，因高差限制，主要人流只能斜对基地主要轴线进入校区。

为解决轴线偏移、扭转、交叉，场地高差以及大量人流集中疏散等问题，同时不破坏原有山体结构，留出集中绿地并减少土方量。引入曲线结合直线的方式来处理入口轴线与基地各轴线的关系，如图6.21所示：轴线①为主要轴线，先由曲线将方向慢慢引至综合大楼中心线上，再由一条花形墙指向基地轴心——主轴线①（综合楼主轴线）与轴线⑤（大台阶中心线）的交点。此交点也是广场视觉中心以及整个空间序列的收束、转折点所在，故在此处立雕塑点题。由主轴线两边分出两条次要轴线分别指向综合楼主入口（轴线②）和过街通道（轴线③）；西边与主轴线相切设一圆形下沉广场，其圆心正对馒头山（轴线④）和大教室（轴线⑥）。

2. 交通的组织

针对学校特殊的使用要求，上学、放学时以学生为主的人流大部分来自新综合楼以及大台阶两边的教室，而后在综合楼前广场大量集中，此时入口区域的路面几乎完全人行，少量自行车只能缓慢移动，机动车暂时难以开动；上课及休息时间有少量机动车出入；大型节庆活动时，学校除综合楼前广场、体育场外，校门口往往集聚大量人流。作为全校3000多学生同时进出的唯一出入口，3米多宽狭长的通道空间使得完全人车分流成为极其奢侈的想法。因此笔者采取了合中有分、分中有合的处理原则。

（1）以喇叭口衔接主要集散广场（综合楼前广场），越靠近广场开口越大，避免瓶颈效应。平时人车混行，上学和放学时主要用作人行，便于快速疏散并减轻广场与平台的压力（图6.22～图6.25）。

图 6.20 武夷山二中入口空间基地轴线图

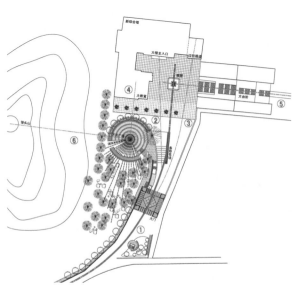

图 6.21 武夷山二中入口空间设计轴线图

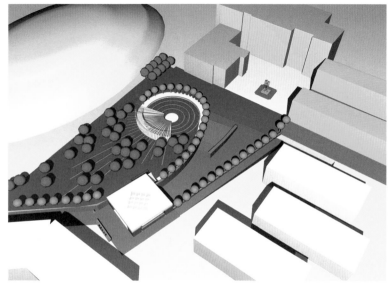

图 6.22 武夷山二中入口空间鸟瞰草模图

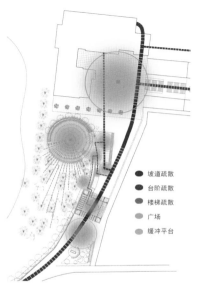

图 6.23 武夷山二中入口空间流线分析图

图 6.24 武夷山二中入口空间鸟瞰实景图

图 6.25 武夷山二中入口空间台阶分流

（2）分道以组织人流，避免混乱，同时增加可供多重选择的路径。早有实验证明，在大量人流集中疏散的情况下，避免人流混乱、堵塞等最有效的方法就是将人群有序地组织分流。

（3）根据使用频率、使用舒适程度以及平缓度把台阶分为300毫米（宽）×150毫米（高）和1200毫米(宽）×120毫米（高）两种，与坡道自然过渡。同时这也是对人流速度的控制，试把坡道看作更加平缓的台阶，那么越是平缓的台阶人流速度就越大，反之亦然。因此，在集中疏散时，同时在以上三种不同坡度的台阶上行进时的速度是依次递增的。而各通道最终又汇集于主要疏散通道——坡道上。故相对于将整个喇叭口作为坡道疏散，以上方法更有利于缓解主要疏散通道的疏散压力（图6.24～图6.25）。

（4）多重缓冲平台的设置，广场及平台用于缓冲人流量。把人群分流后在尽可能的情况下多设平台，以供交流、展览、接待、等候等用。原则上，越是流速慢的通道缓冲平台越大，根据实地情况，在西侧设置下沉广场以及大片绿地，以临时作为变相的、可拓展的缓冲平台之用。此外，尽管大门外有一个不规则的广场，大门空间本身就是一个室内化了的广场空间。

（5）上课时间可将其余通道用电动门封闭，楼梯留作单独出入口，便于管理，如图6.26所示。

（6）长达80米的细长通道空间，化解方法除用曲线引导之外，大门主体也通过室外空间室内化的方法，把一段路线纳入大门建筑之内。由于大门空间属于校区内外的一个界定性空间，相对于流动性较强的入校主干道来说，它的内部是一个相对静态的积极空间。而大门建筑所占据的空间同样属于入校主干道的一部分并且占据一定的行进距离。这段距离对于整个入校行程来说可以说是一段具有不同性质的"空白"，因此在行人的心理上会产生一种缩短行进距离的假象。

3. 环境的设计

1）对自然环境的呼应

（1）对大门主体建筑而言，周边环境零乱破碎，如将此处作为广场处理不但使空间散漫无序，而且使轴线扭转失去原有指向性及可识别性。因此把真正的正方形"广场"做成内向性布局，

图 6.26 武夷山二中大门建筑内景图

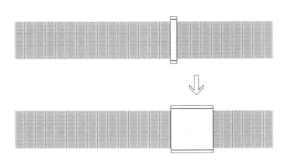

图 6.27 武夷山二中入口过渡空间解析图

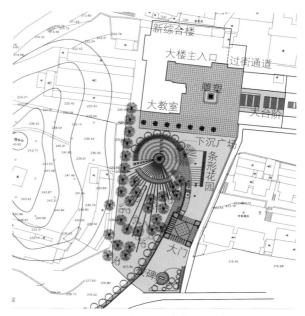

图 6.28 武夷山二中入口空间平面图

图 6.29 武夷山二中大门正面透视图

也就是室外空间室内化。将广场包进建筑之后，不但使空间得以强烈的收束，体现了学校的开放性、包容性。同时由于其内部空间的流动性，又产生一种自然的心理过渡（图6.28、图6.29）。

（2）大门建筑利用地形高差，墙面延续紫色砂岩材质，这是环境的延伸。而屋顶则似搭在山边的一块巨型白色石头，简洁、凝练、纯净，与周边参差不齐的环境形成强烈反差，以构筑一个区域中心的场，这是与环境的对照（图6.29）。

图 6.30 武夷山二中大门建筑内景图

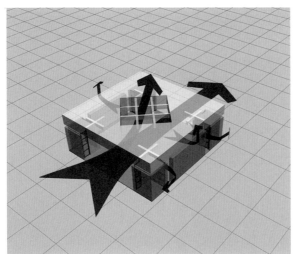

图 6.31 武夷山二中空间格局及流动空间图

（3）正对馒头山的圆形广场向圆心逐级下沉，以下凹呼应馒头山上凸之势。同时为学生营造一个亲切的小型集会活动场所。

（4）在大台阶中心线和入口主轴线的交点处立雕塑点题（图6.22）。

（5）建筑设计结合武夷山地方山水，外有大王峰的刚正与豪迈，建筑内则追求玉女峰的纯美与灵动（图6.30）。

2）对历史人文环境的呼应

（1）挖掘武夷山历史文脉

以武夷风格为鉴，将传统民居中特有的梁柱体系、光线及符号经提炼加工再结合现代建筑设计手法，用于建筑构件及整体建筑空间、体形设计当中。

①空间格局的应用（图6.31）。除下文二山门的例子以外，传统民居中四合院的空间格局以及流动空间的处理手法也是设计时的重要参考。

②运用框景、障景、漏景等传统景观处理手法（图6.32）。

图 6.32 武夷山二中大门光环境

图 6.33 武夷山二中大门挑梁与传统民居参考

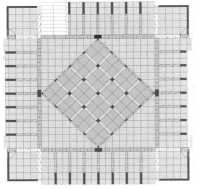
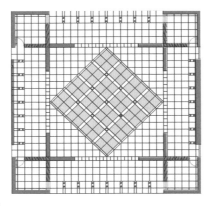

图 6.34 武夷山二中大门地面铺装及天花板

图 6.35 武夷山二中大门台阶

图 6.36 武夷山二中大台阶及游廊

③ 光的应用。学习传统民居中自然形成的光影，如小天井、漏窗、巷道、错檐所形成的效果（图6.32）。

④ 梁柱的应用。悬臂梁有规律的排列并相互呼应，将建筑的结构脉络暴露在外，与其间的九宫格一起象征朱子理学的理性精神（图6.33）。

⑤ 从天花板到地面铺装再到边上的石凳，传统菱形是大门建筑最基本的符号构成（图6.34）。

（2）设计结合校园文化

"正身律己、知行合一"是武夷山二中建校几十年来不断前进、永不衰竭的精神支柱。入口空间设计从选址到轴线定位再到细部处理，结合了客观地形条件，传承了武夷本土文化，呼应了武夷真山水。以一丝不苟的直线条、纯圆正方的原始形态，追求的正是"正身律己、知行合一"的哲学奥义（图6.34~图6.36）。

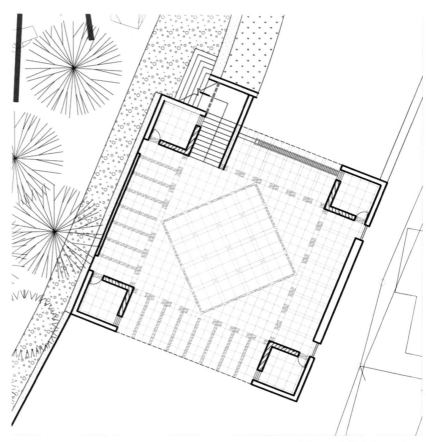

图 6.37 武夷山二中的防御之"门"

6.3.4 总结

1. 防卫措施

防卫功能是针对入口空间完成交通功能时所需要的功能，是早期入口空间不可或缺的[1]，它与交通功能实际上是一体两面的关系。随着时代的进步，现代入口空间的防卫功能逐渐在形式上弱化，交通功能得到强化。很多地方甚至不设界限（围墙），但是严密的智能监控系统却比早期更具安全防护功能。

武夷山二中作为一所市重点中学，其防卫功能只能以隐性的和不固定的形式得以体现。本案设计中将其融于大门的复合功能之中——首先满足交通的畅通无阻，再体现学校的开放性、包容性等，最后才让人意识到其防卫性所在。

为此，我们将真正具有防卫性的"电动门"置于大门主体建筑进深的末端。传达室和警卫室分列其左右的房间里。左侧作为第二路径的楼梯的"门"则藏于楼梯转角之后（图6.37）。

2. 标识性的体现

标识功能是指标志、识别的功能[2]。在满足交通、防卫功能的前提下，圆满完成标识功能是入口空间设计耐人寻味的关键所在。入口空间的标识性含有双重作用。

（1）对于武夷山市来说，校大门作为标识性的建筑，在市区中起到"地标"的作用，并且在一定的城市范围内可以成为一种认知环境的参照点和焦点，观察者不进入其内部，只是在外部认知它，通过它来辨别方向。因此可以在城市中或一定范围内作为方向导向，作为城市结构的一种暗

1 何泳.入口建筑研究 [D].
哈尔滨：哈尔滨建筑大学,
2000

2 何泳.入口建筑研究 [D].
哈尔滨：哈尔滨建筑大学, 2000

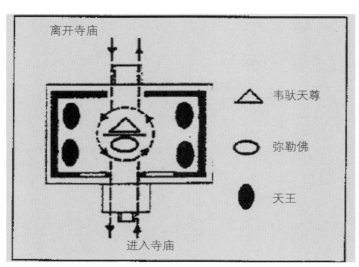

图 6.38 传统二山门流线分析　资料来源：侯幼彬.中国建筑美学 [M].
北京：中国建筑工业出版社，2009

示，是形成城市结构的重要因素，对武夷山市区环境有一定的影响。因此，在立面设计时，墙面延续旁边挡土墙的紫色砂岩材质，而屋面则采用纯白的仿石漆，一粗一细、一明一暗，犹如搭在山边的一块白玉。立面整体渗透出象牙塔般的学府气质，使简约纯粹的体块在周边杂乱无章的环境中脱颖而出，欲为武夷山城市建设做出一定贡献（图6.29）。

（2）对于所服务的区域，主要是对所服务的校内外两区域进行标识。在建筑主体具有了穿行和防御功能的同时，其本身也同时具有了标识性。由于它的存在以及位置的特殊性，使得学校内外区域属性得已相对确切的说明、表达。在对区域做定量式的表达时，非文字莫属，而定性表达则靠建筑本身的形式。同时由于穿行是双向的，故建筑的标识功能也同样是双向的。

因此笔者在设计时延承了古代寺庙建筑群中的二山门的做法（图6.38）。一把建筑内部空间两侧各凹进3米以作展览、等候、交流之用，中间9米大部分留作穿行，以应对学校大量人流集中疏散的问题；二把两面分别题有学校名称和校训的巨型鹅卵石置于建筑之前，使大部分使用者中的学生群体，在上学时看见校名和放学时看见校训，作为一种心理暗示，深烙于心。

3. 区域的过渡

凯文·林奇在其著作《城市意象》里提出了构成人们心理形象的五种基本元素。它们是：路径、区域、边缘、节点、标志[3]。其中"节点"如果是大门建筑的话，大门所连接的校区内外就是"区域"，同理墙可看作是"边界"，雕塑可看作是"标志"。

大门建筑连接的两区域不是室外与室内的关系，而是室外与室外的关系。由于多方面的原因，本案把其中一部分区域的"室外"空间室内化，从而使两区域的关系再次回到室外与室内的关系。

3 ［美］凯文·林奇.城市意象[M].方益萍，何晓军，译.北京：华夏出版社，2001

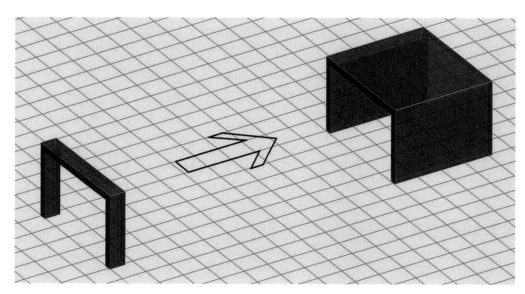

图 6.39 武夷山二中过渡空间示意图

4 〔美〕凯文·林奇. 城市意象 [M]. 方益萍, 何晓军, 译. 北京: 华夏出版社, 2001

《城市意象》中指出边缘是区域与区域的界线。边缘是一种线形成分，它可以以各种具体的形式出现。边缘标志着区域的范围和形状，但有的两区域之间没有明显的边缘，彼此自然混合，形成空间上的交融和渗透[4]。在本方案中，节点也具有同样的性质并融于边缘之中。室内化了的部分"区域"实际上已经成为节点（大门）的一部分。而正是这部分空间（大门内空间）为校内外两区域之间彼此交流融合创造了条件。这样的情况下，本来作为节点的大门主体建筑，通过将面化为体，不但强化区域边缘，还与两区域融为一体，增加了两区域间的交集，为两区域提供更多的时空以及心理过渡空间（图6.39）。

那么此方案的意义便是将作为"节点"的入口空间的意义做进一步的发展和界定。入口空间不但可以使两个区域得以分开或由于它的存在两区域得以"出场"，还可以与两区域相互渗透，浑然一体。入口和两个区域构成一个有意义的有机整体环境。

6.4 武夷山市检察院行政大楼单体设计

6.4.1 概述

该项目是笔者对武夷风格抽象化运用的又一次尝试，力求在对传统的继承上形成从表象到实质的完整梯度。同时针对行政建筑的特殊使用及形象要求灵活处理。目前此项目已建成，实现度较高。

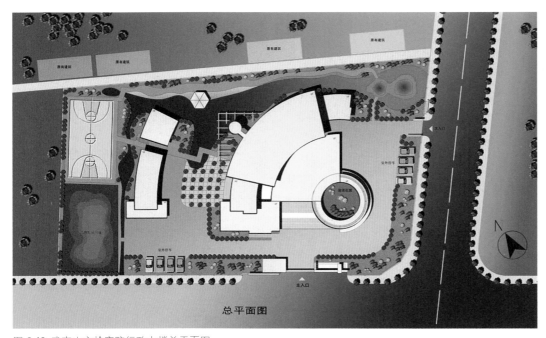

图 6.40 武夷山市检察院行政大楼总平面图

6.4.2 区位及环境

　　该项目位于武夷山市区，距东南向的火车站步行不超过10分钟的路程。基地西南临城市主干道，沿干道旁边有水量不大的小溪流淌，东北临城市次干道，交通顺畅，出入方便；北面以小道与居住区相邻，西北面是未来规划中的另一家企业办公楼，西南方远处是延绵起伏的山峦，郁郁葱葱，为一处视野开阔的优美自然景观。基地大致呈梯形，安静且交通方便，是一块较理想的办公场所（图6.40）。

6.4.3 设计要点

　　方案设计采用集中式的建筑布局，园林式景观环境体系，营造"天人合一"的空间意境。综合楼主楼造型呈环抱形，象征检察院"海纳百川"的胸怀，切实体现实事求是的工作作风；坚实的基座是对传统高台建筑意象的转化和再创造，它与高挑的屋顶一起象征检察工作的"严明、公正"，体现检察机关内敛的威严；运用当地建筑材料（如青砖、石材）及建筑符号（如菱形窗、方格栅、挑梁柱等），也是对传统的传承、转化和创新。

图6.41 武夷山市检察院行政大楼正面透视图

如果说传统的政府建筑风格以庄重为主，其深层次中多传达了管理的内涵，那么当今随着时代的发展、观念的更新，深层次中的管理内涵增添了更多为公众服务的色彩，因此当今政府建筑的庄重性，也融入了更多的公共性、开放性特征。政府建筑作为为市民服务的空间，面临着性格的转变：庄重性与开放性、公共性的并存渐渐成为此类建筑的显著性格特征，因此本案设计的目标之一

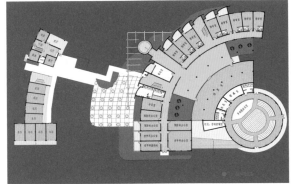
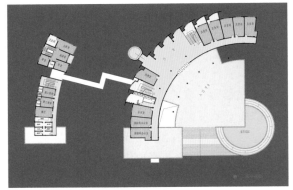

图 6.42 武夷山市检察院行政大楼一、二层平面图

图 6.43 武夷山市二中体育中心鸟瞰图

便是要把这些看似矛盾、冲突的性格逐渐融于一栋建筑之内。

建筑细部力求细致精到，体现行政建筑的开放性、公共性。同时也要体现检察机关细致认真、一丝不苟的工作态度。建筑的体块穿插和叠加组合，形成错落有致的韵律和空间序列；横向和竖向的对比，出挑和支撑的结合，使建筑形象更加丰富和稳定；方形、弧形和圆形的有序变化，像交响乐一样抑扬顿挫。底层空间中部架空，既有通风换气的功能，又加强了与各部分空间的联系，形成了"风水"中的"气口"，藏风聚气，吐故纳新。同时在二楼入口处形成一"桥"，这是对传统入户空间的生动再现，也是各体块间的平稳过渡（图6.41）。

建筑内部以电梯间、楼梯间为竖向交通枢纽，横向以内走道为水平交通枢纽，形成立体交通体系，使室内交通有条不紊（图6.42）。二、三层门厅处部分贯通，使门厅宽敞、明亮，层次丰富，三层大厅放置休息茶座，提供休息和交流空间，创造了健康愉快的工作环境。

环境景观设计利用建筑及建筑之间的连廊配合水体，将基地划分成开敞、半开敞、半封闭、封闭的外部空间梯度，空间序列在动与静、曲与直、刚与柔的交织中完成循环（图6.40）。

6.5 武夷山市二中体育中心单体设计

6.5.1 概述

武夷山市二中体育中心是笔者及其团队对武夷风格抽象化运用并结合新技术、新材料的尝试，意在以远古干阑式建筑意象呼应其得天独厚的天然环境。同时以极具时代精神的膜结构呼应校园体育精神，并协调周边绿化构成的天际线。因建筑基地位于山巅，受诸多场地限制，必须在几乎不触动山体的情况下将四分之一宽的体育场架于空中，架空部分作为室内体育馆（图6.43）。设计及施工难度较大。总建筑面积4 659平方米，建筑占地面积531平方米（不包括跑道架空及体育场），目前除了膜结构部分已经建设完毕。另外，在方案设计时也应用武夷风格中外地与本地以及多工种合作的优良传统，取得良好效果。

6.5.2 区位及环境

该项目位于武夷山市第二中学校园内制高点，基地西南接校园主干道，南端与西北部有校园规划待建道路，交通顺畅，出入方便，学校交通流线在此可形成环路，并形成学校景观序列的终点；东北与东南侧是绿色山坳与基地相连，远处有延绵起伏的山峦，形成一处视野开阔的优美景观，可俯瞰美丽的武夷山市（图6.44、图6.45）。

6.5.3 设计要点

1. 设计指导思想及原则

利用特有的条件进行科学合理的功能布局，充分利用场地坡度，尽量减少开挖，营造宜人生态型园区景观，立足于"以人为本"的基本原则，为学生创造一个良好的体育锻炼环境。

　　充分发挥武夷风格中的"因"字诀，既要充分满足使用要求，又要满足安全需要，还要满足环境与景观的要求。体育馆主体建筑朝南，依地势而建，充分利用空间，经济实用。并且尽可能考虑功能空间的复合性，满足不同阶段不同的使用需求，如平时教学、比赛及大型文艺活动的复合等（图6.46）。作为学校内部使用的体育馆，在设计时充分考虑使用者的特殊性，由于学生往往是在短时间内大量集中，在体育馆前设置空地作为人流集散地，也可以作为室外剧场使用。

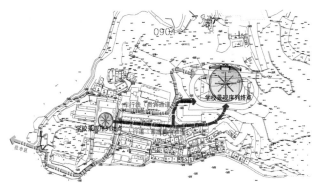

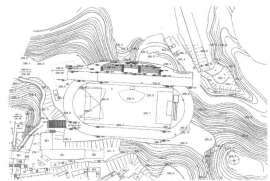

图 6.44 武夷山市二中体育中心交通线　　　　　图 6.45 武夷山市二中体育中心地形图

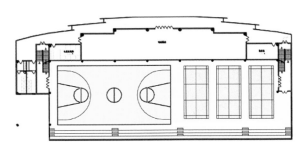

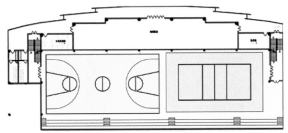

①比赛或教学用：1 块篮球场地 +3 块羽毛球场地　　　②比赛或教学用：1 块篮球场地 +1 块排球场地

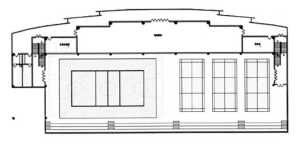

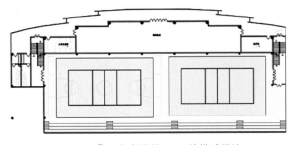

③比赛或教学用：1 块排球场地 +3 块羽毛球场地　　　④比赛或教学用：2 块排球场地

图 6.46 武夷山市二中体育中心复合功能分析图

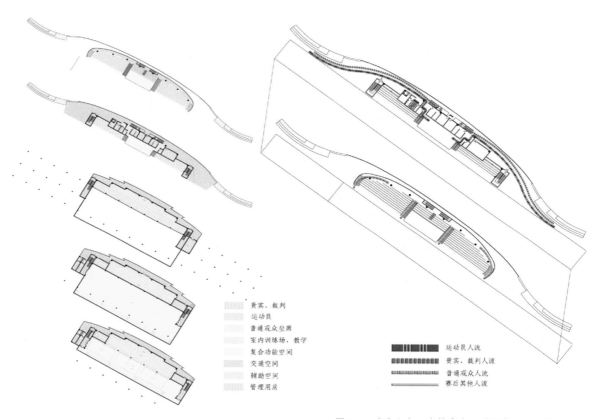

贵宾、裁判
运动员
普通观众坐席
室内训练场，教学
复合功能空间
交通空间
辅助空间
管理用房

运动员人流
贵宾、裁判人流
普通观众人流
赛后其他人流

图 6.47 武夷山市二中体育中心功能布局及流线分析图

坡地建筑的特色之一就是亲和自然的近地特色。由于基地地形限制，决定了主要人流只能从体育馆前面和侧面来，设计车辆可临时经西北部坡道进入体育场，最大程度解决人车分流矛盾，将车流线与观众流线分开。此外，体育馆内部也利用错层分流，节省交通空间。

2. 建筑功能

武夷山第二中学体育中心由观众看台、室内训练馆、值班管理用房、辅助用房等部分组成，看台共有704个普通观众席，贵宾及裁判席112个。体育馆整体三层，地上一层，地下两层，并根据地形设置夹层（图6.47）。结构布置采用框架形式，结构布置对称均匀，经济合理。

3. 立面设计

形体立面简洁现代、虚实有致，突出层次感和整体气势。建筑单体强调空间组合以及色彩、造型、装饰线条的整体性，强调环境和地域特色，背立面采用仿木面砖贴面，意在色彩与质感上与周边环境相融合，采用窄长斜切条窗组合，结合百叶和磨砂玻璃，力求采光均匀，尽量避免眩光（图6.48）。设计结合新材料、新工艺，将线、面、体结合，力求体现学校的学术氛围。屋顶采用张拉膜结构，塑造了轻盈灵透、展翅欲飞的效果，注重体现体育建筑的现代感、时代感、力量感，反映科技进步、与时俱进的含义（图6.48、图6.49）。

图 6.48 武夷山市二中体育中心东立面图

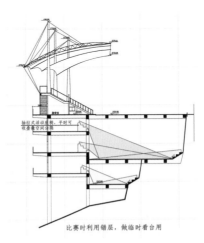

图 6.49 武夷山市二中
体育中心室内视线分析图

6.6 武夷山市社会福利中心设计

6.6.1 概述

　　武夷山市社会福利中心是笔者及其团队对武夷风格进行打破重构的一次大胆尝试。由于原有福利院规模小、设备落后等原因，笔者及团队受武夷山市民政局委托进行新的规划设计。新的社会福利中心设计基于武夷山风景区的地缘优势，结合周边生态环境和基地独特的自然资源，打造为闽北地区及浙闽赣交界处设施最先进、环境最优越的示范福利中心，推动武夷山周边疗养事业的发展。

6.6.2 区位及环境

　　基地位于武夷山市区边缘，北边是茶山，西边有景点仙人岩，东边是城市道路黄柏大道，南边有稀稀落落的村庄。规划区东临黄柏大道，位于林业路西端口，三面环山，规划用地99 967平方米。基地现状为起伏山地，整个基地西高东低，基地内分布众多起伏山头，地形较为复杂；同时基地内天然形成对局部洼地的围合（图6.50）。

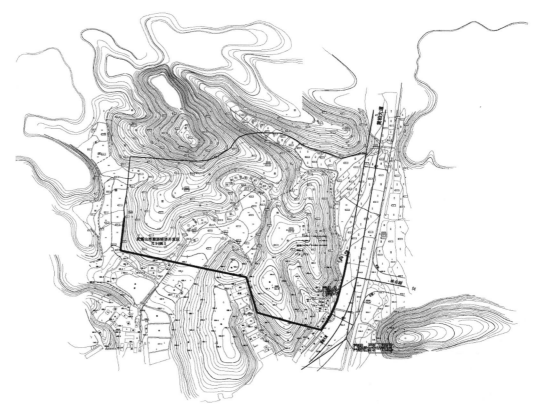

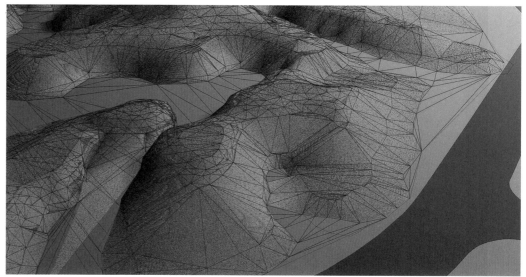

图 6.50 武夷山市社会福利中心现状地形

图 6.51 武夷山市社会福利中心规划设计效果图

图 6.52 武夷山市社会福利中心总平面图

6.6.3 设计要点

1. 发展条件分析

（1）有利条件

① 规划用地三面为山体，东侧为黄柏大道。地理位置优越，背山临城，外部交通方便。有条件形成良好的景观及围合出较好的区域空间。

② 规划区内现存建筑较少，规划受限制相对少，便于开发实施。

③ 基地可利用资源多，如大面积自然绿化山体以及已有的公园设施及交通系统等，容易形成有自然特色的居住环境空间。

（2）制约因素

① 基地的山地地形对规划和建筑设计工作而言是很大的挑战。

② 基地沿东边的局部山体已遭人为破坏。

2. 构思要点

（1）尊重和发掘基地地形，以生态网络的建构作为福利院结构的基础；着重营造景观化、生态化、智能化的福利院空间，采取整体而有弹性的规划设计方法等。为规划设计提出了新思路、新理念。

以基地特有的山地地貌结合水体形成主要的景观生态带，并渗透、延伸到整个区域乃至外围环境。建筑布局顺应地形，以有机的生长形态嵌入原有自然环境，成为环境的一部分。创造了一个可持续发展的生态及景观网络系统（图6.51、图6.52）。

山——尊重原有山脉的自然形态，建筑以一种低密度、开放、不规则的有机生长形态，随地形平缓地散落山间。

水——保留部分湿地，在可能的情况下采用生物降解技术形成生态化的排污系统，主要是将未经沉淀的生活污水生态化处理后，达到国家的排放标准直接排放到自然水体。

树——保持原基地良好的植被，将福利院的空间组织与原基地上的植被有机融为一体。

（2）化不利为有利

充分利用地势合理规划交通和建筑布局，设计有特色的山地无障碍交通方式；对已遭到破坏的山体以建筑的体量进行“修补”，在建筑造型的硬件上达到“形补”，在建筑和绿化结合的软件上达到和绿色山体的“神补”（图6.53、图6.54）。

图 6.53 武夷山市社会福利中心二号楼基地山体被开挖的现状

图 6.54 武夷山市社会福利中心二号楼对山体的"神补"

6.7 武夷学院国际会议中心

6.7.1 概述

　　武夷学院国际会议中心是作为武夷山地区唯一——所高校的国际会议及接待用五星级酒店。国际会议中心基地依山傍水，环境优雅，是不可多得的良佳用地。此设计是笔者及其团队对武夷风格又一次新的挑战，尝试印证"传统的极致就是现代，现代的尽头也即传统"这一理念，为武夷风格的理论体系发展再添上新的一笔。遗憾的是此理念当时未能得到当时当地领导们的理解，而建筑未能得以建成。 他们不理解中西建筑之间其实很多经典比例、尺度以及手法是相通的，如三段式的传统就是不谋而合的，而我们的坡屋顶和西方的传统窗套也是不谋而合的，等等。惜之！

6.7.2 区位及环境

　　基地位于武夷学院西侧，介于武夷山市区与风景区之间；基地北面及东面是学校内湖及水道，内湖再往东就是学校校区；西面透过城市干道可远眺风景区美丽的远山；南边是学校体育中心及校内道路。整体区位优越，环境品质得天独厚，交通便利。

6.7.3 设计要点

　　首先基于五星级酒店的特性，需要建筑适应现代高品质生活的功能需求，从内到外要显得高雅稳重、气度不凡，不可太过草率粗糙，因此酒店方案的特质被定义为"中国的绅士、武夷山的精英""既传统又现代"（图6.55~图6.59）。

　　从入口柱廊到灰砖墙面，再到窗户的纽扣设计，以及三段式的应用、山墙面的虚化处理、入口空间序列设计等无不是对于传统的创新运用。

　　原有武夷风格利用山墙面力与美结合的木框架作为入口是非常经典的手法，本案在此基础上结合传统灯笼进行抽象融合，形成一种全新的入口空间形态。这一点小的创意设计使得传统味儿更加浓厚，又不会因为重复传统而显得枯燥乏味（图6.57）。

传统纽扣的符号意向被融入墙面缝隙和窗户设计当中，同时传统方形木柱围合的突出小阳台增加了建筑的别致而高雅，跟欧式传统有云泥之别。而传统灰砖以及毛石精砌的立面处理手法也是对武夷风格建筑的创新运用。而作为窗套的坡屋顶意向结合真正的坡屋顶，既有传统老虎窗的意味也提高了酒店形象的档次和品位（图6.58）。

而山墙面转折后用玻璃加中国红杆件的虚化处理，使得建筑与传统武夷山民居有异曲同工之妙，又更加精致巧妙（图6.58）。

图 6.56 武夷学院国际会议中心主入口

图 6.55 武夷学院国际会议中心次入口

图 6.57 武夷学院国际会议中心入口木框架创新设计

图 6.58 武夷学院国际会议中心山墙面及窗墙等细节对传统的延续

图 6.59 武夷学院国际会议中心鸟瞰图

6.8 武夷山市二中教学楼设计

6.8.1 概述

    武夷山市二中教学楼是笔者及其团队对于武夷风格抽象化应用的典型案例之一，设计中将"书山有路勤为径，学海无涯苦作舟"结合学校拾级而上的天然山地地形形成完整的空间情节序列；将大王峰的印象烙印入建筑形式语言当中；并在空间序列中融入武夷山二中的校园文化，以独立而又相关联的"情节"作为景观节点，依次为起航之台、勤奋之路、苦行之舟、三思之亭、明珠之泉、大王之台、回归之桥。以此为苦闷攻读的中学带来别样的灵动生机，植入新的二中精神。

6.8.2 区位及环境

    教学楼位于校园中部，也是校园主体建筑，依山而建、拾级而上。由于学校的发展需求，需要拆除原有建筑再建更大规模的新教学楼。基地往西连接学校综合楼，下馒头山再过崇阳溪便是市区；往南是学校大门及2~3层的民宅；往东上山是原有学校宿舍以及山顶体育中心；往北是学校教师宿舍（图6.60）。新教学楼建造难度较大，但建成后空间灵动、视线开阔。

6.8.3 设计要点（图6.61~图6.66）

1 体育场　2 教学楼现状
3 综合楼　4 大门
5 教工宿舍

基地现状分析

图 6.60 基地现状分析图

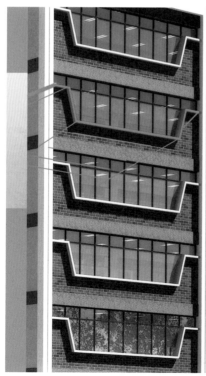

苦行之舟
(Tough Ahead Boat)

面向南北侧的立面造型构思源自"学海无涯苦作舟",跟外部空间"书山有路勤为径"的意境相对应。每一间教室都是一艘与激浪搏斗中的"苦行之舟"。同时这样的开窗方式也是为了尽可能地加大采光面积。

图 6.61 苦行之舟

启航之台（Port of Sailing）

　　人生本就是不断努力克服困难的奋斗历程，在这个世界上的人，不在于谁的起点更高，而在于谁会停步不前，谁又会坚持不懈，永不停步……启航之台，顾名思义为起点，中学的学习是开启人生伟大航程的序幕，它位于空间序列的始端，也象征着人生的开启。两面强调横向的教学楼把中间竖向的教师办公室烘托得极其高大威武，站在起始的台阶上你会感到，此情此景仿佛欲将起航的人生航母，又似一飞冲天的展翅雄鹰。这是一个让人振奋的场所，设计意图为：上学学生以及上课的老师能够在踏进教学楼的时候精神抖擞，让他们饱含信心和力量走向自己的教室。

图 6.62 启航之台

三思之庭（Courtyard of Second Thoughts）

    经过了第一序列的"动"，将来到第二序列的静思之所。期望每位经过这个庭院的人都能够"三思而后行"，同时柔软的曲线也是为了软化刚硬的外部空间环境。在这个庭院中，用三个空间来向路人们的潜意识传递"思考"，分别是"坐井思天""时空之肚"和"无题"。

图 6.63 三思之庭

三思之庭

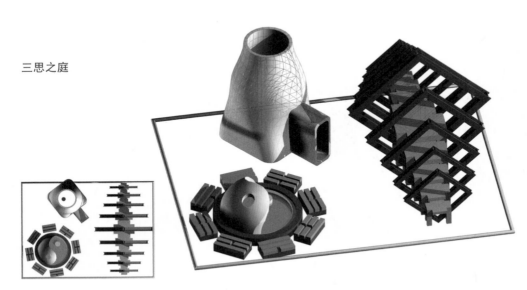

图 6.64 "坐井思天""时空之肚""无题"空间设计

明珠之泉（Fountain of Pearl）

这是一个用水托起的石球（或者其他材料，如类似于磨砂玻璃的透光不透视的材质），同时水力也促成石球的旋转。看起来就像一颗巨大的珍珠从水底浮出并蠢蠢欲动。明珠岂可暗投，每一位学子就是明日的珍珠，是未来的栋梁。每一位学子都要有做明珠的理想准备。托着明珠的水又随着半圆形边缘跌落而下，潺潺的流水声提示路人"……浪淘尽，千古风流人物"，想要做明珠，必将经历一番艰苦卓绝的奋斗和努力才能成功。同时水声也烘托三思庭的"静"。

回归之桥（Bridge of Return）

有光明就有黑暗，有爱就有恨，有成功就有失败，有离去就有归来……这是一个让人反思的地方。人从尘土中来，最终又回归尘土，无论你走到哪里，总有回头观望的一天，总有自我总结、自我反省的一天，从这极简主义的桥上走过之后，前方将会更加海阔天空，同时这也蕴含了对二中学子的期望，无论海角天涯，二中依旧矗立在这里，请回归母校来看看。是以用"回归之桥"来作为空间序列的终端。

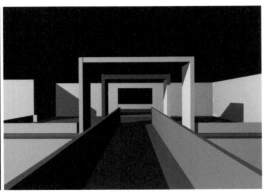

图 6.65 明珠之泉与回归之桥

大王之台

(King's Platform)

面向内庭院的立面主要由阳台构成，阳台的构造取义武夷山大王峰的王者风范，这也代表二中学子为武夷山人的豪气。而柱间的球形灯既是点睛之笔，又是对"明珠的呼应"。

图 6.66 阳台构造

6.9 南平地区武夷风格美丽乡村样板房设计

地处浙、闽、赣三省交界的武夷建筑风格作为世界山地建筑体系中的一枝独秀，已经广泛传播开来，其影响逐渐扩大到周边地区，形成了专家学者以及百姓约定俗成的一种地方建筑风格，沉淀为地方文化的一部分。武夷风格建筑30多年来不断影响地区建筑风貌的发展，使得南平地区的地方建筑风格拥有不同于世界其他地区的独有特质，具备了不输于世界最美村落的建设潜力。值得政府、百姓携手大力建设推进。

由于没有明确的设计指导方针政策，老百姓在竞相效仿的时候，仅仅是模仿原有武夷风格经典建筑的皮，而失却其内涵和神韵；各种建筑构件比例失调；导致功能和形式不能很好地融合统一。此外，随着时代的进步以及社会需求的不断变化，建筑的形制需要相应调整，如空调以及太阳能的广泛应用，促使建筑必须考虑空调的隐藏以及太阳能设备的置放等问题。由此出现大量不和谐的"武夷风格"建筑，歪曲了地区建筑风貌，阻碍了地方建筑文化的健康发展，并有不断蔓延之势。

2013年起，南平市政府高度重视这一社会问题，响应党中央建设"美丽乡村"的号召，委托武夷风格的创造者之一的齐康院士，重新梳理武夷风格建筑，制定相应的设计图册以供南平地区乡村建筑的建设辅助参考。笔者作为齐康教授的弟子有幸负责"南平地区武夷风格美丽乡村样板房设计"的项目，此项目是对武夷风格建筑的高度浓缩，同时必须具有可操作性和经济性（图6.67~图6.70）。

设计成果已推广到整个南平地区的美丽乡村建设中，即大武夷的范畴。

图 6.67 南平地区武夷风格样板房设计立面效果图

图 6.68 南平地区武夷风格样板房设计效果图 1

图 6.69 南平地区武夷风格样板房设计效果图 2

图 6.70 南平地区武夷风格样板房设计整体与细部效果图

6.10 其他单体建筑设计

6.10.1 某精品酒店客房设计

此设计是对武夷风格打开山墙面进行大胆空间布局的创新，重新组织空间和形式逻辑后获得了意想不到的静谧和端庄气氛（图6.71）。

图 6.71 精品酒店客房设计效果图

6.10.2 某茶厂设计

　　该方案是武夷风格结合当下新中式的创新设计，由于茶厂对于采光通风有较高要求，墙面几乎布满窗户。设计以严谨的窗户组序列打破沉闷的立面开窗布局。（图6.72）

图 6.72 茶厂设计立面效果图

参考文献

一、著作

1. 关于武夷山

[1] 黄仲昭.八闽通志[M].福州：福建人民出版社，1990.

[2] 何绵山.闽文化概论[M].北京：北京大学出版社,1996.

[3] 武夷山市志编纂委员会.武夷山市志[M]. 北京：中国统计出版社,1994.

[4] 丘幼宣.武夷诗词选[M].福州：福建人民出版社,1982.

[5] 潘立勇.朱子理学美学[M].上海：东方出版社,1999.

[6] 萧春雷.阳光下的雕花门楼:武夷古民居的记忆[M].福州：海潮摄影艺术出版社,2002.

[7] 雍万里.碧水丹山话武夷[M].南京：南京大学出版社,1986.

2. 关于武夷风格

[8] 南京工学院建筑研究所.杨廷宝建筑设计作品集[M].北京：中国建筑工业出版社，1983.

[9] 齐康.杨廷宝谈建筑[M].北京：中国建筑工业出版社，1991.

[10] 齐康.意义·感觉·表现[M].天津:天津科学技术出版社，1998.

[11] 齐康.风景环境与建筑[M].南京：东南大学出版社，1989.

[12] 齐康.齐康建筑设计作品系列7:武夷风采[M].沈阳：辽宁科学技术出版社,2002.

3. 关于风格

[13] 金兹堡.风格与时代[M].陈志华,译.北京：中国建筑工业出版社，1991.

[14] 庄裕光.风格与流派[M].北京：中国建筑工业出版社，1993.

[15] 海因里希·沃尔夫林.艺术风格学：美术史的基本概念[M]. 潘耀昌，译.沈阳：辽宁人民出版社，1987.

[16] 安旭.风格 流派 史迹[M].王安庭，张蒲生，译.天津：南开大学出版社，1985.

[17] 贝维斯·希利尔，凯特·麦金太尔.世纪风格[M]. 林鹤，译.石家庄：河北教育出版社，2002.

[18] 歌德，威克纳格，柯勒律治，等.文学风格论[M].王元化，译.上海：上海译文出版社，1982.

[19] 罗伯特·杜歇.风格的特征[M].司徒双，完永详，译.北京：三联书店，2003.

4. 其他

[20] 芦原义信.外部空间设计[M].尹培桐，译.北京：中国建筑工业出版社，1985.

[21] 肯尼斯·弗兰姆普敦.现代建筑：一部批判的历史[M].张钦楠，译.北京：三联书店,2004.

[22] 李泽厚.美的历程[M]. 天津：天津社会科学院出版社,2002.

[23] 林治.中国茶道[M].北京：中华工商联和出版社,2000.

[24] 鲁道夫·阿恩海姆.艺术与视知觉[M].腾守尧，朱疆源，译.成都：四川人民出版社,1998.

[25] 爱德华·T.怀特.建筑语汇[M].林敏哲，林明毅，译.大连：大连理工大学出版社,2001..

[26] 侯幼彬.中国建筑美学[M].北京：中国建筑工业出版社，2009..

[27] 李允鉌.华夏意匠[M]. 北京：中国建筑工业出版社，1982.

[28] 高鉁明.福建民居[M]. 北京：中国建筑工业出版社，1987.

[29] 汪之力.中国传统民居建筑[M].济南：山东科学技术出版社，1994.

[30] 陈从周，潘洪宣，陈秉杰.中国民居[M].上海：学林出版社，1992.

[31] 张家骥.园冶全释：世界最古造园学名著研究[M].太原：山西古籍出版社，1993.

[32] 彭一刚.中国古典园林分析[M].北京：中国建筑工业出版社，1986.

[33] 陈从周.说园[M].上海：同济大学出版社，1984.

[34] 刘晓惠.文心画境：中国古典园林景观构成要素分析[M].北京：中国建筑工业出版社，2002.

[35] 杨鸿勋.江南园林论[M].上海：上海人民出版社，1994.

[36] 龚德顺，邹德侬，窦以德.中国现代建筑史纲[M].天津：天津科学技术出版社，1989 .

[37] 王受之.世界现代建筑史[M].北京：中国建筑工业出版社，1999.

[38] 邹德侬，戴璐，张同伟.中国现代建筑史[M]. 北京：中国建筑工业出版社，2010 .

[39] [美]凯文·林奇.城市意象[M].方益萍,何晓军，译.北京：华夏出版社,2001.

二、期刊

1. 关于武夷山

[1] 卜菁华.武夷山风景环境与建筑初探[J]. 建筑学报,1983(2):31-40，83-84.

[2] 赖聚奎.武夷山开发前景及其建筑探索[J]. 建筑学报,1983(2):41-45.

[3] 武夷山风景区总体规划大纲[J]. 建筑学报,1983(9):11-14.

[4] 武夷山风景名胜区总体规划技术鉴定意见[J].建筑学报,1983(9):14-16.

[5] 邹其忠.谈武夷山风景区规划[J].建筑学报,1983(9):17-19.

[6] 赖聚奎. 武夷山风景名胜区建筑实践一例[J]. 建筑学报,1983(9):70-73.

[7] 杨德安,赖聚奎.风景区的保护和建设是一门科学——武夷山风景名胜区规划设计随感[J].建筑学报,1984(2):43-46.

[8] 石元纯,陈磊.建筑、环境、规划的融合——武夷山国家旅游度假区综合服务区总体规划[J]. 时代建筑,1995(4):40-41,43.

2. 关于武夷风格建筑

[9] 杨子伸,赖聚奎.返朴归真 蹊辟新径——武夷山庄建筑创作回顾[J].建筑学报, 1985(1):18-29,85.

[10] 洪铁城.读"武夷山庄"有感[J].建筑学报,1986(6):50-51.

[11] 王宗钦.景场环境与风景建筑形态构成——武夷茶观设计[J].建筑学报, 1992(5):53-57.

[12] 赖聚奎.武夷山庄[J].世界建筑导报,1995(2):89-90.

[13] 林振坤.武夷山机场候机楼、联检楼、航站楼设计[J].建筑学报,1996(2):30-31.

[14] 杨瑞荣.别具一格的武夷山建筑艺术[J]. 今日中国, 1997(1):65-66.

[15] 张宏.风景建筑中的自然与人文环境意识观——武夷山九曲宾馆设计[J].华中建筑, 1997(3):36-41.

[16] 詹魁军.就武夷山青竹山庄设计谈建筑与环境的结合[J].福建建筑,1999(1):4-5.

[17] 陈嘉骧,周春雨.武夷写意——华彩山庄方案构思[J].建筑学报,2000(4):46-48.

[18] 乔迅翔,路秉杰.名山建筑重建设计——武夷山止止庵的设计思考[J].福建建筑, 2002(3):6-8.

[19] 王彤宇.武夷山地域文化与建筑创作——武夷山建筑设计社会实践总结[J].福建建筑, 2003(2):7-8.

3. 其他

[20] 齐康.地方建筑风格的新创造[J].东南大学学报,1996,26(6):1-8.

[21] 顾孟潮.后新时期中国建筑文化的特征[J].建筑学报,1994(5):24-31.

[22] 齐康.建筑意识观(摘要) [J].建筑学报,1995(5).

[23] 黄汉民,刘晓光.时代气息#乡土韵味——福建省图书馆设计回顾[J].建筑学报,1996（7）: 46-50.

[24] 齐康.杨廷宝的建筑学术思想——纪念杨廷宝先生诞辰100周年[J].建筑学报,2002（3）: 32-35.

[25] 邹德侬,刘丛红,赵建波.中国地域性建筑的成就、局限和前瞻[J].建筑学报,2002（5）: 4-6.

[26] 赵琳,张朝晖.新地域建筑的思考[J].新建筑,2002（5）: 11-13.

[27] 凌世德.走向开放的地域建筑[J].建筑学报,2002（9）: 52-54.

[28] 张彤.整体地域建筑理论框架概述[J].华中建筑,1999（3）: 20-26.

[29] 罗琳.西方乡土建筑研究的方法论[J].建筑学报,1998（11）: 57-59.

[30] 姚红梅.关于"当代乡土"的几点思考[J].建筑学报,1999（11）: 52-53.

[31] 沈济黄,陈帆,董丹申,等."乡土建筑"到"乡土主义"建筑的实践——浙江余杭临云山庄 设计[J].建筑学报,2001（9）: 26-28.

[32] 郑炘.极化范畴的共存——若干苏南名山建筑整体格局分析[J].东南大学学报,1994（11）: 6-14.

[33] 王铎.风景建筑文化浅论[J].新建筑,1997（2）: 16-18.

[34] 华峰,何俊萍.形式与表现——民居墙体构成的形态意义[J].华中建筑,1998（2）: 122-124.

[35] 陈建东.福建新地域主义建筑设计浅谈[J].福建建筑,2005（3）：62-64
[36] 颜文清.风景名胜区旅馆建筑环境设计[J].福建建筑,2004（5）：32-33,100.
[37] 戴念慈.论建筑的风格、形式、内容及其他——在繁荣建筑创作学术座谈会上的讲话[J].建筑学报，
    1986（2）：4.

三、学位论文

[1] 张朴.风景建筑形式研究[D].南京：东南大学，1983.
[2] 陈继良.山地旅游宾馆建筑设计——兼论武夷山武夷精舍小区建筑创作实践[D].南京：东南大
    学，1983.
[3] 郑炘.山地风景区的建筑空间组织[D].南京：东南大学，1983.
[4] 卜菁华.武夷山风景环境与建筑初探[D].南京：东南大学，1983.
[5] 林坛红.中国传统文化影响下的建筑环境特色初探[D].南京：东南大学，1983.
[6] 过伟敏.乡土风格及其室内环境设计[D].南京：东南大学，1983.
[7] 张建涛.风景区旅游接待建筑研究[D].南京：东南大学，1983.
[8] 李成斌.当代建筑创作中广义的地域主义及其实践[D].哈尔滨：哈尔滨工业大学，2002.
[9] 周似齐.地域化建筑创作探析[D].天津：天津大学，2000.
[10] 庄丽娥.新时期福建地域建筑创作探析[D].厦门：华侨大学，2005.
[11] 白雪.乡土语境中的建筑创作——九华山风景区建筑设计研究[D].北京：清华大学，2002.
[12] 余洋.厦门近代建筑之"嘉庚风格"研究[D].厦门：华侨大学，2002.
[13] 卢强.复杂之整合——黄山风景区规划与建筑设计实践研究[D].北京：清华大学，2002.
[14] 朱宏宇.查尔斯·柯里亚的当代乡土建筑之路[D].哈尔滨：哈尔滨工业大学，2002.
[15] 陈捷.乡土环境与聚落形态——静升乡土聚落空间形态分析[D].太原：太原理工大学，2003.
[16] 陶莎.中国传统民居的乡土工艺性研究[D].哈尔滨：哈尔滨工业大学，2003.
[17] 何永.入口建筑研究[D].哈尔滨：哈尔滨建筑大学，2000.

四、相关电子资料：

[1] 福建省省情资料库[EB/OL].http：//www.fjsq.gov.cn
[2] 武夷山志[EB/OL].http：//www.wuyishan.gov.cn
[3] 中国武夷山之商贸旅游网[EB/OL].http：//www.wuyicity.com/big5/inEex.html
[4] 中国武夷山[EB/OL].http：//www.wuyishan.gov.cn/public/inEex.jsp
[5] 古典文艺论坛[EB/OL].http：//www.yunyou.cn/bbs

附录——访谈记录

一、被访问者：陈建霖

身份：原武夷山景区管理委员会建设科科长，雕刻艺术家

访问时间：2006年3月2日 下午

笔者：请问第5题中您为什么选择最喜欢幔亭山房而不是武夷山庄呢？

陈建霖：幔亭山房是原来的党校改建的，它比起武夷山庄乡土味更浓厚、更纯正。从整体布局到细部施工，没有任何矫揉造作的地方，而且在这次改造过程中，我们与东南大学来的专家教授们合作得非常默契，大家都觉得满意。

笔者：判断题第4题中，您对武夷山风景区的建设感到不满意，这是因为什么呢？

陈建霖：风景区早期的建设虽然困难，却很少有粗制滥造的房子。但后来建的武夷书院、天心永乐禅寺有很多问题。景区的建设容量是有限的，我认为现在的景区建设量还是大了点。

笔者：前几天去九曲宾馆考察，发现已经关闭很久了，我听说有可能是经营不善，也有可能是因为有人告发说它对九曲溪核心景区有污染，不知是否属实？

陈建霖：九曲宾馆的污水处理当初已经做了五级净化，但是这样的净化不可能做到一点污染都没有的。

笔者：您觉得"武夷风格"这种说法是怎么来的？是不是武夷山庄建成之后在民间传出来的？

陈建霖：不是的，应该是1983年中国有一股景区建设热，武夷山作为重点讨论的对象，国内先后开了好几次学术会议，都一致强调建筑要"有武夷山地方特色"，之后越说越多，到武夷山庄建成后便说成是"武夷风格"了，那时候我们老百姓也都慢慢传开了。

笔者：1980年代初，风景区开始建设的时候是不是有很多困难啊？

陈建霖：那个时候很苦啊！当年杨老还有齐康老师来我们武夷山的时候，我陪着他们在武夷山到处考察，至少有九个月的时间。

笔者：您对"五宜五不宜"怎么看？

陈建霖：我觉得"五宜五不宜"有些不妥的地方，比如说"宜低不宜高"就不对，该高的时候就高嘛！

二、被访问者：吴锡庆

身份：武夷山城乡规划设计院总工程师、注册监理师，武夷山教育局基建科科长

访问时间：2006年2月28日 晚上

笔者：第5题中您为什么选择最喜欢幔亭山房而不是武夷山庄呢？

吴锡庆：幔亭山房，投资最省，收效最好。乡土味浓厚、纯正，不仅装修及家具都是取材于武夷山本地，而且其地面水磨石的骨料也都是从山上采下来加工的，后来的武夷山庄等却做不到这一点。

　　笔者：判断题第4题中，您对武夷山风景区的建设感到不满意，这是因为什么呢？

　　吴锡庆：景区有不少精品建筑，也有不少令人遗憾的建筑。比如说九曲宾馆，还是太聚集，体量过大，对环境造成一定负担。以前的景区建设也是一波三折，比如在核心景区建九曲大桥，就引起了很长一段时间的争议……

　　笔者：我听说这样一个观点，度假区的选址是错误的。您同意这个观点吗？

　　吴锡庆：同意，武夷山市区到风景区只有14千米，完全可以为景区提供配套服务，度假区那边原来都是青山绿水，还有很多大树……度假区的存在致使市区的旅游经济无法发展，二者成了竞争关系……很早的时候，曾经有人建议当时市区的武夷宾馆应该扩建至原状的三倍大，后来没有被采纳（武夷宾馆现已被拆毁，原址上新建住宅小区）。

　　笔者：您对武夷古民居怎么看？

　　吴锡庆：下梅、曹墩、城村都是很有代表性的古村落，另外在飞机场后面的赤石还有一个村落，比较破，但是我觉得很有代表性，值得去看看。

致谢

　　此书的写作是笔者从 2003 年跟随引路人华侨大学黄建军教授进入武夷山开始的，是对武夷山的山水人文逐步深入体会的一个总结。各种感悟加上设计实践的积累才有了整书的出版。其间充满了波折，更多的是感动。如父母和爱人的无声支持，硕士导师刘塨教授当初帮我定下此题目时说的话至今清晰地记得："武夷风格这个题目虽然不是很时尚，但作为改革开放以来的一个典型建筑现象却是值得研究的！"的确，本书的出版让我感到了作为一名研究者的社会责任。

　　在研究过程中遇见的武夷山人，他们对我的信任、帮助和支持巨大。前文中提到的陈建霖、吴锡庆两位先生对于本书的贡献自是要特别感谢。其他如武夷山二中黄秀英校长，从二中大门设计开始，到体育中心和教学楼的建成，其间经历了很多曲折，都是黄校长和翁文献老师、张浦府老师等项目负责人顶住各种压力，才得以高完成度地实现，这些体现了高素质的武夷山人对于设计的尊重和高度理解。而当时市办的邱干彪先生和新村范小龙书记更是我在武夷山最早认识的朋友，回想起来当初我的各种不合理要求都未曾被回绝，感动常在心！而后饮茶结缘的市办胡维清主任，民政局冯开强局长，书画家邱原爱和倪连辉、江丽亭，设计院李永平院长，检察院张军，企业家周总和王总等更是成了忘年之交，尤其丽亭先生耗时半年的炭画作品被用在了此书背景，特此感谢！

　　最后，感谢博士导师齐康教授对我多年的培养以及本书的提点，以及东南大学出版社戴丽副社长的大力支持！感谢韩晓琬同学的编辑整理工作！

图书在版编目（CIP）数据

武夷风格 / 何柯著 . — 南京：东南大学出版
社，2018.12
ISBN 978-7-5641-7608-2

Ⅰ . ①武… Ⅱ . ①何… Ⅲ . ①武夷山 - 建筑风格
Ⅳ . ① TU-862

中国版本图书馆 CIP 数据核字（2017）第 325034 号

书　　　名：武夷风格

著　　者：何　柯
责任编辑：戴　丽
文字编辑：贺玮玮
装帧设计：皮志伟
责任印制：周荣虎

出版发行：东南大学出版社
社　　址：南京市四牌楼 2 号　邮编：210096
网　　址：http://www.seupress.com
出 版 人：江建中

印　　刷：上海雅昌艺术印刷有限公司
开　　本：889mm×1194mm　1/16
印　　张：12.5
字　　数：320 千
版　　次：2018 年 12 月第 1 版
印　　次：2018 年 12 月第 1 次印刷
书　　号：ISBN 978-7-5641-7608-2
定　　价：128.00 元

经　　销：全国各地新华书店
发行热线：025-83790519　83791830